新型职业农民书架·动植物小诊所

兔病
速诊快治

江　斌　　王锦祥　　吴胜会
林　琳　　张世忠　　江南松　编著

海峡出版发行集团 | 福建科学技术出版社
THE STRAITS PUBLISHING & DISTRIBUTING GROUP | FUJIAN SCIENCE & TECHNOLOGY PUBLISHING HOUSE

图书在版编目（CIP）数据

兔病速诊快治 / 江斌等编著 . —福州：福建科学技术出版社，2022.9

ISBN 978-7-5335-6805-4

Ⅰ.①兔… Ⅱ.①江… Ⅲ.①兔病－诊疗 Ⅳ.① S858.291

中国版本图书馆 CIP 数据核字（2022）第 129648 号

书　　名	兔病速诊快治
编　　著	江　斌　王锦祥　吴胜会　林　琳　张世忠　江南松
出版发行	福建科学技术出版社
社　　址	福州市东水路 76 号（邮编 350001）
网　　址	www.fjstp.com
经　　销	福建新华发行（集团）有限责任公司
印　　刷	福州德安彩色印刷有限公司
开　　本	700 毫米 ×1000 毫米　1/16
印　　张	8.5
字　　数	132 千字
版　　次	2022 年 9 月第 1 版
印　　次	2022 年 9 月第 1 次印刷
书　　号	ISBN 978-7-5335-6805-4
定　　价	36.00 元

书中如有印装质量问题，可直接向本社调换

前言 | FORWORD

养兔业由于不需要强劳力、排污少、投资可大可小、增效快，愈来愈受到人们的青睐。它不仅是广大农民发家致富的一项养殖业，也是广大投资者看好的一项节能型养殖业。兔病在兔场或多或少都存在，是制约兔场生存和发展的主要瓶颈。为了进一步普及兔病防治知识，提高广大养殖户和基层兽医人员的兔病诊断与防治水平，我们在多年临床实践的基础上，结合近年国内外兔病防治的最新研究成果，编写了这本《兔病速诊快治》。

本书介绍了62种兔病，分为兔病综合防治措施、兔腹泻症状性疾病诊治、兔呼吸道性疾病诊治、兔皮肤性疾病诊治、兔急性死亡性疾病诊治、兔神经障碍性疾病诊治、兔繁殖障碍性疾病诊治、兔体况消瘦性疾病诊治、兔其他杂症诊治等九大部分。每种疾病均以简明扼要的文字介绍其病原（病因）、流行特点、临床症状、病理变化，以及诊断、防治方法，辅以彩图直观地展示症状和病理变化特征，以便读者对兔病作出准确诊断并采取有效的防治措施。

本书编写过程中，引用了任克良主编的《兔病诊断与防治原色图谱》、黄兵等主编的《中国畜禽寄生虫形态分类图谱》中的数幅图片，作者对以上图书作者表示衷心的感谢。

由于我们水平有限，书中错误和不足之处难免，恳请广大读者批评指正。

作者

目录

一、兔病综合防治措施

（一）加强日常饲养管理工作

兔病的发生与养殖条件差、养殖过程中饲养管理不善有密切关系。兔病的综合防治，要从做好兔场选址与布局、消毒隔离措施及饲养管理措施入手。

1. 兔场选址与布局

（1）场址选择

新建兔场应选择地势高燥、背风向阳、地面平坦或稍有坡度、排水良好的地方，要求兔场的水源充足、水质良好，交通便利，环境安静，距离交通干道和村镇不少于 1000 米（大型兔场周围应有围墙或天然屏障与外界相隔离）；电力供应正常，确保正常的兔场电力需求；场地面积要充足，一般每饲养 1 只母兔需占地 0.8 平方米。

（2）布局

规范的兔场要有生产区、管理区、生活区、隔离区及附属建筑区等区域。生产区是兔场的核心区，要按风向依次建设种兔舍、幼兔舍、生产舍等，不同幢舍之间要间隔 10—15 米，每幢舍门口需设置消毒池。管理区宜安排在兔场的一角，应有栏墙与生产区分隔。生活区应在兔场的上风向，毗邻管理区。隔离区设在兔场的下风向，用于隔离新购种兔或病兔。附属建筑区有饲料贮藏室、兽医室、杂物室等，由不同兔场具体情况来确定布局。场内的道路要分净道（运饲料、产品）和污道（运粪便、死兔等）。

兔舍的形式多种多样，包括密闭式（图 1-1）、半开放式（图 1-2）、开放式（图 1-3）、棚式（图 1-4）、半地下式（图 1-5）及家庭散养式（图 1-6）等。每个兔场根据具体情况选择相适应的兔舍形式，要求兔舍建筑应适合家兔的生活习性，满足兔生长和生产需求，也便于饲养管理和疾病防控，夏天防暑降温，冬天保暖抗冻，四季防潮。如果兔舍内湿度较低，与之有关的几种兔病（兔疥癣、球虫病、大肠杆菌病、魏氏梭菌病等）就会大大减少。

图 1-1　密闭式兔舍

图 1-2　半开放式兔舍

图1-3　开放式兔舍

图1-4　棚式兔舍

图 1-5　半地下式兔舍

图 1-6　家庭散养式兔笼

2.消毒隔离措施

（1）消毒措施

不同地方的消毒方法有所不同。地面、墙壁等在消毒之前须用清水将表面的粪污冲洗干净后，再选用2%氢氧化钠溶液或0.1%戊二醛溶液等消毒药喷洒消毒。空笼在消毒之前应将表面污物清洗干净，再用火焰消毒或0.1%戊二醛溶液消毒。水槽或饲槽从笼中拆下后，先清洗干净，再用0.1%高锰酸钾溶液或0.1%戊二醛溶液消毒。门口及通道可用0.05%聚维酮碘溶液喷雾消毒。仓库采用甲醛熏蒸消毒，具体做法：每立方米体积用40%甲醛25毫升、水12.5毫升、高锰酸钾25克，混合后人员立即离场、关闭门窗24小时。工作人员手和用具的消毒用0.01%的苯扎溴铵溶液或0.05%过硫酸氢钾溶液。必要时对兔群用0.01%的苯扎溴铵溶液或0.01%的癸甲溴铵溶液带兔消毒。做好兔舍的环境卫生与消毒工作，保持兔舍干净、空气清新、无氨臭味，这样兔就不易诱发各种呼吸道疾病，也不容易感染各种传染病。

（2）隔离措施

兔传染病的发生必须有传染源、传播途径、易感兔三个基本条件同时存在，否则传染病就会停止流行。有效的隔离措施首先是防止传染源进入兔场，阻断可能的各种传播途径，采取各种相应的生物安全体系措施。具体来说，要做好如下几个方面工作：第一，控制人员进出场。杜绝不必要的参观，工作人员进场需换衣服、鞋子，并采取相应的洗涤和消毒后方可进场。第二，控制物品进场。装兔的笼具、车辆等物品需严格消毒后才能进场。第三，严把种兔引进关。对引进的优良种兔要在隔离舍隔离饲养1个月，确认无病后再合群，以免把疫病引入。第四，定期杀灭老鼠和蚊虫，禁止兔场养狗和猫。鼠类和家兔同为啮齿类动物，许多疫病会相互传染，兔场要定期做好灭鼠工作。兔场养狗易使兔感染豆状囊尾蚴，养猫易使兔感染弓形虫病。此外，还要做好蝇、蚊等害虫的杀灭工作，切断可能的各种生物传播媒介。

3.饲养管理一般原则

（1）饲养的一般原则

兔属小型草食动物，具有特殊的消化粗饲料的解剖结构和生理功能。饲养兔应遵循以下原则：第一，以青粗料为主，精料为辅。在兔日粮配合中应以青粗

饲料为主，营养不足部分适当补以精料。若精料含量太高，日粮中纤维素含量偏少（低于10%—14%），不仅会增加饲养成本，还会导致肠炎、腹泻、腹胀等问题。若单喂饲草或精料太少，兔所需营养得不到满足，则使幼兔生长缓慢、抗病力差，母兔泌乳量不足、繁殖率降低，毛兔产毛量减少、毛的品质变差。一般来说，青粗料（以干物质计）占日粮的比例为60%—80%，精料占日粮比例为20%—40%。规模化兔场多采用多种饲料加工成的全价颗粒饲料。第二，饲料原料灵活多样。饲料原料品种不同，其营养成分也有所不同，在日粮配置时应因地制宜，科学组方，取长补短。如在以禾本科籽实加工副产品为主的日粮中，加入10%—20%的饼粕类饲料，可以达到营养平衡。第三，其他饲养原则。定时定量、少喂勤添，使兔养成定时采食、休息和排泄的习惯。饲喂的量不能忽多忽少，否则会扰乱正常的生理功能。改变饲料要逐渐过渡，一般分3个阶段，每个阶段2—3天。若过渡不当，会引起食欲下降，出现消化不良，严重的导致发病死亡。兔有昼伏夜出的生活习性，在夜间采食和饮水的时间比白天多，所以要加强夜间补饲。此外，要注意饲料和饮用水洁净，不能饲喂变质的饲料或不干净的饮用水。

（2）管理的一般原则

兔有喜洁、爱净、爱干燥的习性。在日常管理工作中，要经常清理兔舍，清除粪尿，清洗水槽和料槽，保持兔舍卫生干净及干燥通风。兔舍要保持安静，防止噪声及犬、猫、鼠、蝇的侵扰，以免不良应激导致母兔流产，以及对母兔的哺乳、配种造成不利影响。要做好夏天防暑和冬天防寒工作，当兔舍室温达30℃以上时，兔采食量会减少，繁殖力会降低；当室温达35℃以上时，很可能会导致兔中暑死亡。在冬季寒冷季节，要预防幼兔的冻伤或冻死。要根据兔的性别、不同生理阶段进行分群管理，种公兔、妊娠母兔、哺乳母兔要单笼饲养，仔兔和幼兔要与母兔分开饲养，避免一些疫病（如球虫）相互感染。

（二）疫苗免疫接种方法

1. 兔病疫苗种类

目前国内已正式生产或中试的兔病疫苗有：兔病毒性出血症、多杀性巴氏杆菌病、产气荚膜梭菌病三联灭活疫苗，兔病毒性出血症、多杀性巴氏杆菌病二联

灭活疫苗，兔病毒性出血症、产气荚膜梭菌病二联灭活疫苗，兔病毒性出血症、大肠杆菌病、产气荚膜梭菌病三联灭活疫苗，兔病毒性出血症灭活疫苗，兔多杀性巴氏杆菌病灭活疫苗，兔产气荚膜梭菌病（A 型）氢氧化铝灭活疫苗，兔支气管败血波氏杆菌病灭活疫苗，兔多杀性巴氏杆菌病、支气管败血波氏杆菌病二联灭活疫苗，兔大肠杆菌病多价灭活疫苗，兔伪结核病灭活疫苗，兔沙门菌病灭活疫苗，兔克雷伯菌病灭活疫苗，兔葡萄球菌病灭活疫苗，兔多杀性巴氏杆菌病、产气荚膜梭菌病二联灭活疫苗等。每种疫苗使用方法参照说明书。

2. 常见兔病疫苗免疫程序

不同的地区、不同类型的兔场，其免疫程序不尽相同。一般来说，免疫程序要根据当地兔病的流行情况来制定，其中危害性比较大的几种传染病的疫苗免疫一定要做，如兔病毒性出血症灭活疫苗、兔多杀性巴氏杆菌病灭活疫苗、兔产气荚膜梭菌病灭活疫苗，每种疫苗需初免和二免 2 次免疫。具体来说，在环境污染比较严重的地区，仔兔断奶后先免疫注射兔病毒性出血症灭活疫苗，间隔 7 天后免疫注射兔多杀性巴氏杆菌病灭活疫苗，再间隔 7 天后免疫注射兔产气荚膜梭菌病灭活疫苗。每种疫苗注射免疫 1 个月后要再用上述疫苗免疫一次。以后每间隔5—6 个月用单苗或联苗加强免疫一次。在安全地区或饲养规模比较小的兔场，则在仔兔断奶后用兔病毒性出血症、多杀性巴氏杆菌病、产气荚膜梭菌病三联灭活疫苗或兔病毒性出血症、多杀性巴氏杆菌病二联灭活疫苗免疫，间隔 20—30天后再用上述三联苗或二联苗加强免疫一次，以后每间隔半年用上述三联苗或二联苗再加强免疫一次。种兔每年免疫两次。此外，兔场若有其他比较严重的传染病时，如兔大肠杆菌病、葡萄球菌病、支气管败血波氏杆菌病等，还要相应增加这些传染病的疫苗免疫。

3. 疫苗紧急免疫接种

当兔场发生某种传染病时，在确诊的前提下，为了迅速控制和扑灭该传染病，最大限度地减少损失，可对疫群、疫区和受威胁的兔群进行紧急免疫接种。接种顺序原则上先从假定健康兔群开始免疫，最后接种已经发病的兔群。实践证明，在疫区内使用兔病毒性出血症、兔产气荚膜梭菌病、兔多杀性巴氏杆菌病、兔支气管败血波氏杆菌病等疫病的疫苗进行紧急接种，对控制和扑灭这些疾病具有重

要作用。但对已发病兔和已潜伏感染的假定健康兔，采取紧急免疫疫苗后很有可能会出现在短期（7—8 天）内突然增加死亡数量的情况。免疫过后 7—10 天，发病和死亡数量会明显下降，最终控制病情。如果 7—10 天后死亡率仍居高不下，那么要请兽医看看是否存在其他疾病的并发感染或存在误诊情况。

（三）兔场常用药物保健措施

正常健康的兔群平时一般不需添加药物进行药物保健。但是目前多数兔场或多或少存在一些常见兔病，如兔球虫病、魏氏梭菌病、多杀性巴氏杆菌病、大肠杆菌病、葡萄球菌病、沙门菌病等。这些兔病有些可用疫苗进行预防，有些目前还没有很好的疫苗可供预防。有些疾病即使应用了疫苗，免疫效果也不够理想。因此在实际生产过程中，为了兔群健康和防病需要，多数兔场都有计划地进行一些药物预防或定期驱虫。

1. 全群用药

每年春秋两季可选用高效、低毒、广谱的驱虫药（如阿苯达唑、伊维菌素）进行 2 次的全群普遍驱虫；在夏天炎热的天气里或遇到不良的应激时（如长途运输），可在饲料中或饮水中添加些多种维生素；在遇到气候转变时，可在饲料或饮水中添加一些大蒜、葱，因地制宜地使用一些广谱抗生素，如土霉素、盐酸金霉素、磺胺类药物等。在使用上述药物过程中要详细地记录药物名称、批号、剂量、方法等内容，做好药物的休药期管理，并注意观察使用药物保健的效果。

2. 阶段性用药

如兔场的母兔易出现乳房炎及仔兔易出现黄尿病问题，可安排在母兔分娩后 3 天内，给每只母兔每次口服 0.3 克的长效磺胺，每天 2 次，连喂 2—3 天；也可以通过对产后母兔肌内注射青霉素钠和硫酸链霉素来预防上述两种疾病。如断奶后小兔易发生球虫病问题，要定期（每隔 7—10 天）在饲料或饮水中选择性添加抗球虫药（如磺胺类药物、地克珠利、盐酸氯苯胍等）来预防小兔阶段球虫病。如兔场经常出现由大肠杆菌、沙门菌、魏氏梭菌等导致的小兔腹泻问题，可选择性使用抗球虫药物，同时配合使用一些抗生素，如土霉素、氟苯尼考等药物。值得注意的是，长期和重复使用抗生素或磺胺类药物容易使细菌和球虫产生耐药性问题而影响药物的实际效果，所以在有条件的地方可定期地进行细菌药敏试验，以便筛选出敏感而高效的药物。

（四）兔病临床检查技术

兔病临床诊断首先要用视诊、触诊、叩诊、听诊、嗅诊等方法进行详细的表观检查，然后再解剖检查内脏病理变化，并采集病料进行实验室相关检测，最后综合判定疾病的性质和类别，并提出可能性的诊断结果和防治措施。

健康兔精神饱满，眼睛明亮有神，被毛平顺浓密、有光泽而富弹性，皮肤致密结实而富有弹性，体躯各部均匀，肌肉丰满，骨骼不外露，用手触摸背脊骨，背肉丰厚，不易分辨脊骨。行动灵活，站立、躺卧姿势自然而协调，生长迅速。体温为 38.5—40℃，平均为 39.5℃。进食旺盛。粪便大小如豌豆，光滑均匀。耳朵直立且转动灵活，耳、眼、口、鼻、肛门、阴门处无分泌物、干净、干燥、无污秽。如有异常现象，可能患病。

1.临床表现检查

（1）排泄物检查

正常的兔粪便大小如豌豆大，光滑均匀。如粪便干、硬、小，或粪量减少，甚至停止排粪，则可能是消化不良或便秘；粪便变形，但性质没有变化，可能是饲养管理不当所致；粪便变稀，成堆呈酱色，可能是饲喂霉变饲料等有毒饲料所致；粪便稀且带有黏液、奇臭，可能患细菌性疾病，如大肠杆菌病、沙门菌病、魏氏梭菌病等；粪便变性，带有黏液呈顽固性腹泻，可能患寄生虫病，如球虫病等。检查尿液时要注意排尿量（正常成年兔每千克体重每昼夜 130 毫升）、排尿姿势和次数、尿液性质、pH 值（正常为 8.2）、颜色及内含物等情况。如排尿次数增多，甚至出现尿频和尿淋漓，尿液带血，有氨味，可能患膀胱炎、尿道结石；排尿次数减少，尿色深，尿液密度大，沉渣增多，多患急性肾炎或下痢；尿液呈酱油色，可能患豆状囊尾蚴病、肝片吸虫病、肝硬化等；长期血尿，但无疼痛表现，可能患肾母细胞瘤；排尿疼痛，是尿路有炎症的表现；尿闭，可能患膀胱麻痹、括约肌痉挛、尿道结石；尿失禁可能是腰部脊柱损伤或括约肌麻痹的表现。需要提醒的是，尿液颜色还可能与饲料种类、服用某些药物等有关，应注意加以区别对待。

如母兔发生流产,并从阴道内流出红褐色的分泌物,则疑为李氏杆菌病或应激所致。

（2）呼吸系统检查

上呼吸道检查主要查鼻腔、喉头黏膜及气管环间是否有炎性分泌物、充血和出血。健康兔鼻孔干燥,周围的毛发洁净。如鼻腔内有白色黏稠的分泌物流出或者打喷嚏,呼吸急促和有鼾声等,表明此兔可能患呼吸道病,如兔巴氏杆菌病、支气管败血波氏杆菌病等疾病；鼻腔流浆液性或脓性分泌物,则可能患兔巴氏杆菌病、支气管败血波氏杆菌病、李氏杆菌病、兔痘、绿脓杆菌病等；鼻孔内流出混有血液的泡沫,喉头、气管黏膜出血,出现出血环,则可能患兔瘟；出现喉炎、支气管炎、斑疹,则可能患兔痘。容易导致兔流鼻液的疾病还有感冒、肺炎双球菌病、肺炎克雷伯菌病、支原体病、沙门菌病、弓形虫病、葡萄球菌病、溃疡性齿龈炎、敌鼠钠盐中毒、安妥中毒、中暑等。

（3）五官检查

检查眼睛、口、鼻、耳朵等五官是判定兔是否患病的主要方法。健康兔的眼睛圆而明亮,活泼有神,眼角干净无脓性分泌物。如眼睛呆滞,半睁半闭,对声音、光线等外界刺激反应迟钝,则为患病或衰老的征象；眼睛有黏液或脓性分泌物、精神委靡,可能患慢性兔巴氏杆菌病、结膜炎；眼结膜呈潮红、苍白、发绀、黄染等症状,均为患病的表现；结膜苍白,多患急性肝脏、脾脏破裂,导致大出血或严重的消耗性疾病；眼结膜黄染、消瘦,可能患兔肝片吸虫病、球虫病等；结膜发绀,多因热性传染病（如兔巴氏杆菌病）或亚硝酸盐中毒所致。

如病兔歪头,可能患兔巴氏杆菌性中耳炎、脑炎原虫病、葡萄球菌病、绿脓杆菌病、耳螨、维生素A缺乏症、维生素E缺乏症、李氏杆菌病、硫酸链霉素中毒、遗传性疾病等；转圈,可能患兔李氏杆菌病；频频舔舐肛门,可能患兔栓尾线虫病。

兔正常耳朵应直立且转动灵活,如下垂则可能因抓兔方法不当或受外伤、冻伤所致。耳壳内应清洁,耳尖、耳背无结痂；如耳内有结痂,则可能患兔痒螨或中耳炎。健康的白色家兔耳色粉红,如用手握住感觉过热,耳呈红色,则为发热；用手握住感觉发凉,耳朵青紫色,则可能患有重病。

（4）皮毛检查

首先检查皮毛变化。如被毛粗乱、污浊、光泽暗淡可能患腹泻性疾病、寄生虫性疾病、慢性消耗性疾病；被毛脱落并呈灰色麸皮样结痂,可能患兔毛癣或疥

癣；颌下、胸部、前爪被毛湿润，则可能兔患溃疡性齿龈炎、传染性水疱性口炎、大肠杆菌病、坏死杆菌病、霉变饲料中毒、有机磷农药中毒等。

检查皮肤时要看皮肤有无出血、水肿、炎性渗出、化脓、坏死、色泽等变化。如皮下出血，可能患兔病毒性出血症；皮下组织出血性浆液性浸润，可能患兔链球菌病；皮下水肿，可能患兔黏液瘤病；颈前淋巴结肿大或水肿，可能患兔李氏杆菌病；腹部、背部或其他部位皮肤皮下化脓病灶，可能患兔葡萄球菌病、兔痘、多杀性巴氏杆菌病；母兔乳房和腹部皮肤呈暗紫色或有脓、皮下结缔组织化脓、脓汁乳白色或淡黄色油状，则可能患兔化脓性乳房炎；皮下脂肪、肌肉及黏膜黄染，提示兔肝片吸虫病；口腔、下颌部和胸前部皮肤坏死并有恶臭，可能患兔坏死杆菌病，同时注意有无外伤；公兔睾丸皮肤有糠麸样皮屑，肛门周围及外生殖器官的皮肤有结痂，可能患兔密螺旋体病；阴囊水肿，包皮、尿道、阴道出现丘疹，则可疑为兔痘。

（5）躯干、四肢检查

检查躯干、四肢有无异样是判定患病兔的重要手段。如病兔消瘦露骨，触摸脊柱骨凸起似算珠，两旁凹削，则可能患寄生虫病或慢性疾病，如兔球虫病、肝片吸虫病、伪结核病、结核病、慢性巴氏杆菌病、慢性支气管败血波氏杆菌病、腹泻及疥螨等；行动迟缓，姿态异常，若站立时两脚频频交替负重，严重者后肢不敢着地，有的表现为"八"字形腿和"O"形腿，不能正常站立，则可能患兔疥螨或佝偻病；全身痉挛，可能患兔脑膜脑炎、急性巴氏杆菌病、脓毒败血型葡萄球菌病、病毒性出血症、李氏杆菌病、球虫病、兔佝偻病、维生素 A 缺乏症、有机磷农药中毒、食盐中毒及某些遗传病等；整个兔体强直，可能患兔破伤风。

（6）饮食检查

健康兔一般食欲旺盛，喂料时表现急于求食，即在笼内跳来跳去，打开笼门就伸出头来寻食。病兔常表现为神情呆滞或蹲缩在兔笼一角，不与其他兔抢食或走到饲槽前想吃又不想吃。注意兔饮水情况，有无流涎现象，门齿是否整齐或过度生长。饮水量过多也是很多疾病的表现，如兔在食欲减退或废绝的情况下，饮水量却大大增加，表明兔体温升高或食盐中毒。

（7）体温检查

兔正常体温为 38.5—40℃，平均为 39.5℃。排除生理因素（如年龄、性别、

品种、营养、生产性能、活动、气候条件）的影响外，体温非正常升高或降低均为患病的表现。测量体温对早期诊断和群体检查很有意义。

2.病理变化检查

许多兔病仅靠外部的表现很难作出确切的诊断，还需对尸体进行解剖，然后根据剖检特点，结合临床症状，对疾病作出较正确诊断。

将病死兔呈仰卧式，腹部向上，置于搪瓷盘内或解剖台上，四脚分开固定。用消毒药消毒腹部后，沿腹中线上起下颌部下至耻骨缝处切开皮肤，再沿中线切口向每条腿切开，然后分离皮肤，检查皮下有无出血、水肿及病变。沿腹白线切开腹壁，用镊子挑起腹肌，防止刺破肠管。打开腹腔后，首先检查腔内腹水的颜色、数量和清浊度，然后依次检查腹膜、肝脏、胆囊、胃、脾脏、肠道、胰腺、肠系膜、淋巴结、肾脏、膀胱和生殖器官等。用骨剪剪断两侧肋骨、胸骨，拿掉前胸廓，使胸腔暴露后依次检查心脏、肺脏、胸膜、上呼吸道及肋骨，必要时，打开口腔、鼻腔及脑做病理检查。

（1）皮下检查

主要检查皮下有无出血、水肿、炎性渗出、化脓、坏死等。皮下出血，提示兔病毒性出血症；皮下组织出血性浆液性浸润，提示兔链球菌病；皮下水肿，提示兔黏液瘤病；颈前淋巴结肿大或水肿，提示兔李氏杆菌病；皮下有化脓病灶，提示兔葡萄球菌病、兔痘、多杀性巴氏杆菌病；皮下脂肪、肌肉及黏膜黄染，提示兔肝片吸虫病。

（2）上呼吸道检查

主要检查鼻腔、喉头黏膜及气管环间有无炎性分泌物、充血和出血。鼻腔内有白色黏稠的分泌物，提示兔巴氏杆菌病、支气管败血波氏杆菌病等；鼻腔出血，提示兔中毒、中暑、病毒性出血症等；鼻腔流浆液性或脓性分泌物，提示兔巴氏杆菌病、支气管败血波氏杆菌病、李氏杆菌病、兔痘、绿脓杆菌病等；喉头、气管黏膜出血，呈现出血环，腔内积有血样泡沫，提示兔病毒性出血症；喉炎、支气管炎斑疹，提示兔痘。

（3）胸腔脏器检查

主要检查胸腔积液、色泽、胸膜、肺脏、心肌、心包是否充血、出血、变性、坏死等。

胸腔内充满脓疱，提示兔巴氏杆菌病、支气管败血波氏杆菌病或葡萄球菌病等；浆液或纤维素性渗出，提示兔沙门菌病；胸腔内积有血样液体，提示绿脓杆菌病。

胸膜与肺脏、心包粘连、化脓或纤维性渗出，提示兔巴氏杆菌病、葡萄球菌病、支气管败血波氏杆菌病；肺脏肿大，呈暗红或紫色有粟粒大小出血点，质地柔韧，切面暗红色，提示兔病毒性出血症；纤维性化脓性肺炎，提示兔巴氏杆菌病、葡萄球菌病；肺脏表面光滑、水肿，有暗红色实变区，切开有液体流出，有大小不等脓灶，脓汁乳白黏稠，提示兔支气管败血波氏杆菌病；肺脏充血、肿大，有片状实变区，提示野兔热；淡褐色至灰色坚实结节，具干酪样中心和纤维组织包裹，提示兔结核病；肺脏有灰白色小结节提示兔痘。

心包积液、心肌出血，提示兔巴氏杆菌病；心包液呈血样，提示兔绿脓杆菌病、魏氏梭菌病等；心包液呈棕褐色、心外膜有纤维素渗出，提示兔葡萄球菌病、巴氏杆菌病；心脏血管怒张，呈树枝状，提示兔魏氏梭菌病；心包呈淡褐色至灰色、坚实结节、具干酪样中心和纤维组织包裹，提示兔结核病；心肌呈暗红色，外膜有出血点，心脏扩张，内充满多量血块，心室菲薄质软，提示兔病毒性出血症；心肌有小坏死灶，提示兔大肠杆菌病；心包炎，提示兔坏死杆菌病；心肌有白色条纹，提示兔泰泽病。

（4）腹腔脏器检查

主要检查腹水、纤维素性渗出、寄生虫结节，脏器色泽、质地、肿胀或萎缩、充血、出血、化脓灶、坏死、粘连等，不同器官病变，其反映的疾病有所不同。

（5）其他部位检查

脑膜血管明显扩张充血，提示兔病毒性出血症。

（五）兔病化验检查方法

1.病料的采集、保存和送检

（1）病料采集

对临床症状和病理变化不典型的病例，要取整只完整的病死兔送检。怀疑是某一传染病时，一般取该病的典型器官。如怀疑是魏氏梭菌病，要取病变胃肠道

及内容物；怀疑是结核病，要取病变结节；有脑神经症状的病例，要取脑组织和脊髓等；怀疑寄生虫病时，要采集新鲜粪便（检查虫卵或卵囊）及病变皮肤刮取物（检查螨虫）；怀疑是一般传染病时，要采取心脏、肝脏、脾脏、肺脏、肾脏、淋巴结及胃肠组织（各种脏器组织要分开包装）。检查血清抗体或血液原虫病时，要取静脉血分别接入血液抗凝管和生化管，每管 1—2 毫升。在病料采集过程中要注意无菌操作，并用洁净袋子装病料。

（2）病料的保存

原则上，病料采集后放入 2—8℃冷藏箱并及时送检，不同脏器病料要分开存放。对供病理组织学检验的病料组织要放入 10% 甲醛溶液或 95% 乙醇中固定，固定液的用量为标本体积的 10 倍以上。

（3）病料的送检

各种病料袋子或容器要有记录编号，并详细记录养兔场信息、发病情况、用药情况、需化验项目等。同时要放入带冰块的泡沫箱内冷藏，短途应派专人在 6 个小时内送达，长途的可以通过班车、航空、快递等送达，但一定要在泡沫箱内加足干冰，以防病料腐败变质。

2. 实验室检查

（1）病毒性疾病检测

病毒性疾病的检测可采取聚合酶链反应试验（PCR）、血清学诊断、红细胞凝集试验、包涵体检测、电镜技术以及病毒分离技术等。PCR 是检测病毒核酸的常用方法，该方法特异性强、灵敏度高，是目前检测病毒性疾病应用最广泛的一种检测方法，适用于多数病毒性疾病的检测。血清学诊断是根据阳性血清来判断病毒性疾病，具体包括直接凝集试验、间接凝集试验、琼脂免疫扩散试验、免疫荧光试验、酶联免疫吸附试验等。红细胞凝集试验是利用某些病毒（如兔病毒性出血症病毒）具有凝集某些动物红细胞的能力来诊断疾病。包涵体检测是利用某些病毒感染细胞后产生包涵体，通过做组织切片或组织涂片、染色后来检查包涵体而达到诊断的目的，如兔的黏液瘤病可用此检查法。电镜技术是利用电子显微镜直接检查到病变组织中的病毒颗粒，并从病毒颗粒的形态学鉴别病毒的种类。病毒分离技术是将病变组织研磨杀菌后接种到本动物或实验动物或相应细胞后引起相应的症状、病变或细胞病变，从而作出诊断；病毒分离技术特异性强，所需

时间较长，对实验室条件要求比较高。

（2）细菌性疾病检测

细菌性疾病检测包括组织触片镜检、细菌分离鉴定及动物试验等。组织触片镜检是取病死兔的心血或脏器组织涂片，在火焰上适当固定后再选用革兰染色、瑞氏染色或姬姆萨染色，最后通过显微镜的镜检诊断。细菌分离鉴定是无菌采集心血、肝脏、淋巴结、肠内容物等组织，接种到合适的培养基（如血液琼脂平板）进行培养，1—2天后挑取可疑的单个菌落进行纯化培养，纯化后的菌落再通过生化试验、血凝试验或PCR检测鉴定细菌的种类。动物试验是在细菌分离纯化、生化试验或PCR鉴定的基础上，再利用实验动物或本动物进行人工致病试验，以便进一步明确所分离细菌的致病力。

（3）寄生虫疾病检查

寄生虫性疾病检查包括虫体和虫卵（卵囊）检查。虫体检查是对兔的体表及体内器官组织采用肉眼观察和显微镜相结合诊断寄生虫病，如对头、耳、鼻、足等部位皮肤及毛发检查疥螨、痒螨、蚤等寄生虫，对肠系膜检查豆状囊尾蚴，对肝脏胆管检查肝片吸虫，对盲肠内检查栓尾线虫等。检查螨虫时，要刮取患病皮肤与健康皮肤交界处，先剪毛，后用刀刮取皮屑直到皮肤轻微出血，将刮下皮屑放置于载玻片上，滴加10%氢氧化钠溶液、液体石蜡或50%甘油水溶液，盖上盖玻片后在显微镜下检查螨虫。虫卵（卵囊）检查包括肝型球虫检查、肠内容物或粪便检查。肝型球虫检查是把疑有肝型球虫的白色肝坏死结节放在玻片上，滴加生理盐水后压片，在显微镜下检出大量卵圆形卵囊即可诊断为肝型球虫。肠内容物或粪便检查是取少量肠内容物或粪便放在玻片上，滴加生理盐水后压片，在显微镜下检出球虫卵囊或其他寄生虫虫卵即可作出诊断。

为了提高粪便虫卵检出率，根据不同寄生虫特点可采用漂浮集卵法和沉淀集卵法。漂浮集卵法是取5—10克粪便置于烧杯中，先加少量饱和盐水溶解后，再加入约20倍饱和盐水，用金属筛或纱布滤去粪渣，滤液静置30分钟，之后用直径0.5—1.0厘米的金属圈蘸取表面液膜，抖落于载玻片上，加盖玻片后镜检。此法用于球虫、线虫检查。沉淀集卵法是取1—2克粪便置于试管中，加5倍量生理盐水混合成悬浮液，经金属筛或纱布滤去粪渣后放在另一试管中，以800转/分离心3—5分钟，弃上清液，取沉渣镜检虫卵。此法用于肝片吸虫等检查。此外，

可采用麦氏计数法来计算粪便中线虫或球虫的虫卵数量，即取 2 克粪便于三角烧瓶内，加饱和盐水 58 毫升和玻璃珠若干，充分震荡成为混悬液后，经金属筛或纱布过滤后，吸取少量过滤液注入麦氏计数室，置显微镜下计数。2 个计数室内虫卵总数除以 2，再乘以 200 即为每克粪便中虫卵数量。

（4）其他检查内容

其他检查内容包括饲料成分分析（用于营养代谢病等诊断）、特定毒物（如黄曲霉毒素）检验、某些药物检验、真菌检验（用于兔毛癣等诊断）。

（六）兔常用给药方法

兔的给药方法一般有 4 种：一是口服给药，二是直肠灌药，三是注射给药，四是外用给药。

1. 口服给药法

口服给药法多用于大群预防和个别治疗，又可分自由采食法、人工投服和人工灌服 3 种方法。自由采食给药，即将药物研碎撒在饲料表面或均匀混入饲料，让兔自行采食。人工投服给药，即固定兔头，掰开兔嘴，将药片投入咽喉让兔吞下，或将药装入药管插入咽喉，轻弹药管，让兔将药咽下。人工灌服给药，即将药溶化于水中，吸入注射器或胶管，再将注射器或胶管插入兔嘴让兔吮吸，或用胶管插入胃中直接灌服。

2. 直肠灌药法

先将兔保定，后躯稍高，用涂有润滑油的胶管从肛门插入直肠 5—8 厘米，用注射器将药液（冬季应将药液加温至 30—40℃）徐徐注入直肠。一般用于便秘排粪困难或毛球病治疗。注后捏住肛门 3—5 分钟，而后再将兔放开。

3. 注射给药法

注射给药法又分为肌内注射、皮下注射和静脉注射 3 种方法。肌内注射，即一般在颈部、臀部、大腿内侧等肌肉丰满部位，将注射器内空气排尽后迅速将针头刺入肌内，抽动活塞，无回血后再将药液徐徐注入。皮下注射，即常用于有说明要求的疫苗注射，多选在颈部、肩部、股内侧等部位，先用拇指、食指和中指

将皮提起呈三角状，然后用注射器针头平刺于三角形基部将药液注入。静脉注射，即先保定兔，而后将兔耳外侧用酒精消毒，用左手食指和中指夹住，拇指按住，使静脉血管怒张，右手持注射器，使针头斜面朝上从血管刺入；抽动活塞，若见回血，便可将药液慢慢注入，注意注射速度要慢，若有不良反应要立即停止。

4. 外用给药法

当兔患有外伤、体表寄生虫病或消毒时，可采用外用给药。外伤时直接将聚维酮碘等涂于患处，每天 1—2 次，连用 3—4 天。治疗体表寄生虫时一般先用消毒药液或肥皂水清洗局部（如眼、鼻及皮肤），再用溴氢菊酯等体外杀虫剂按一定比例涂擦或药浴治疗，每隔 2—3 天使用 1 次，连用 3 次。

二、兔腹泻症状性疾病诊治

兔腹泻症状性疾病是兔场最常见的疾病，约占总病例数的 70% 以上。兔腹泻症状性疾病的种类很多，可分为病毒性腹泻（如轮状病毒病）、细菌性腹泻（如兔魏氏梭菌病、泰泽病、大肠杆菌病、沙门菌病、伪结核病等）、寄生虫性腹泻（如兔球虫病）、中毒性腹泻（如兔霉变饲料中毒、药物中毒、有机磷中毒等），以及饲养管理不良导致的腹泻（如兔普通腹泻），每种疾病的病原（病因）、症状、病理变化及诊治措施各有不同。

（一）兔魏氏梭菌病

本病是由 A 型魏氏梭菌及其所产生的外毒素引起的一种死亡率很高的兔胃肠道传染病。

病原

魏氏梭菌隶属于芽胞杆菌科梭菌属。该菌为两端钝圆的粗大杆菌（图 2-1），革兰阳性，大小为（1.1—1.5）微米 ×（2.0—6.0）微米，单个或成双排列，无鞭毛，在动物体内形成荚膜，能产生与菌体直径相同的卵圆形芽胞，位于菌体中央或近端。该菌为严格厌氧菌，在血液琼脂上 37℃ 厌氧培养可形成圆形、光滑隆起的大菌落，呈内环完全溶血、外环不完全溶血的双重溶血现象。一般消毒药均易杀死此菌繁殖体，但芽胞抵抗力较强。

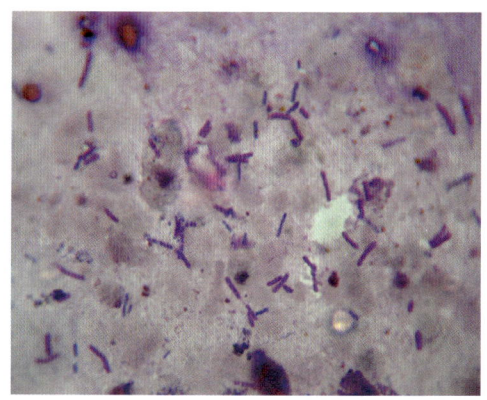

图 2-1　魏氏梭菌形态

流行特点

除哺乳仔兔外，各种年龄兔均可发病，其中以 1—3 月龄幼兔发病率最高。

一年四季均可发病，其中以冬春两季发病率略高。本病是一种条件性疾病，长途运输、青粗饲料短缺、饲料配方突然变更（特别是精料偏多），以及长期饲喂抗生素、磺胺类药物、气候骤变等应激因素，均可诱发本病。

临床症状

病兔往往出现急性腹泻，粪便会黏附在臀部毛发上，为黑褐色或黄绿色（图2-2）、腥臭味，有时粪便中带有胶冻样分泌物。病兔精神沉郁（图2-3），食欲废绝，腹部胀满。急性病例脱水迅速，往往1天内就衰竭死亡。少数慢性病例可拖延到5—7天才死亡。发病率可达30%—50%，死亡率达30%。

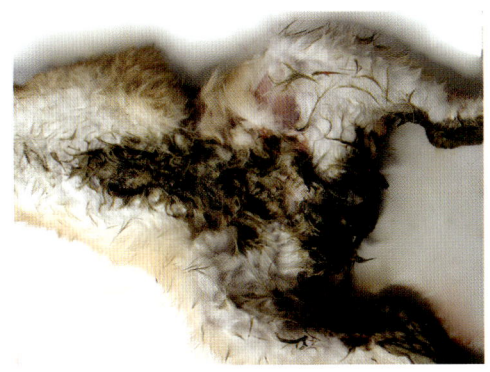
图2-2　拉黑褐色稀粪

图2-3　病兔精神沉郁

病理变化

身体脱水明显，打开腹腔可闻到有明显的腥臭味。胃浆膜下可见大小不一的溃疡灶和溃疡斑（图2-4、图2-5），切开胃可见胃内充满饲料，胃黏膜易脱落，

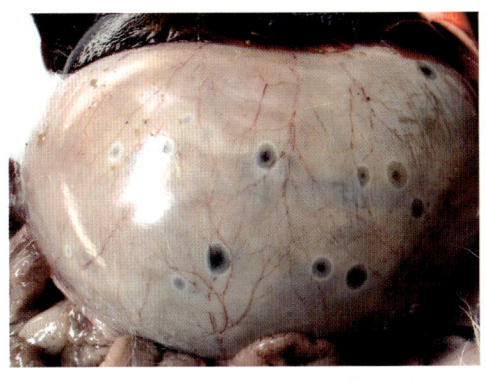
图2-4　胃浆膜下可见大小不等的溃疡灶

图2-5　胃浆膜下有大小不一的溃疡斑

小肠内充满胶冻样分泌物（图2-6），肠壁变薄；大肠浆膜下有明显的出血斑或出血点（图2-7至图2-9），切开后内积有大量气体和黑色水样内容物（图2-10），肠黏膜也有弥漫性充血或出血。心脏表面血管怒张呈树枝状。肝脏质地变脆，脾脏呈深褐色。

图 2-6　小肠内充满胶冻样分泌物

图 2-7　大肠浆膜出血斑

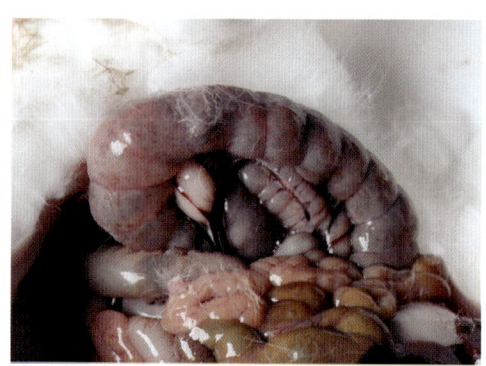

图 2-8　大肠浆膜出血点

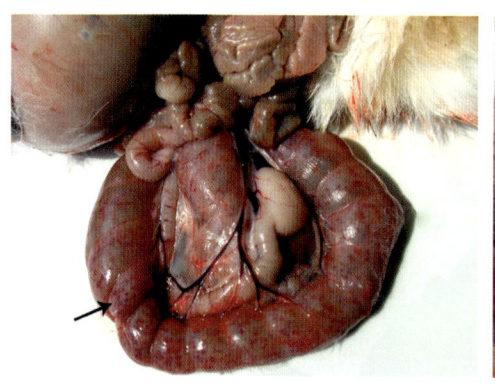

图 2-9　大肠浆膜下出血点和出血斑

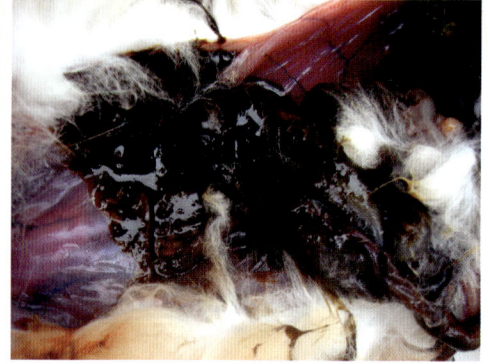

图 2-10　大肠内容物黑色水样

诊断

根据流行特点、临床症状及病理变化可作出初步诊断。要确诊需取病料进行细菌分离鉴定及动物试验（小白鼠）。临床上须与兔大肠杆菌病、球虫病、沙门

菌病等区别诊断。

防治

①预防：加强饲养管理，提高饲料配方中粗纤维含量，少喂高蛋白和谷物饲料。饲料的变化要逐步过渡，尽量减少各种不良应激。搞好环境卫生，不滥用抗生素。同时要做好兔产气荚膜梭菌病灭活疫苗的疫苗免疫，成年兔每年两次（孕兔后期不要注射），仔兔于断奶后免疫 2 次（间隔 20—30 天），这是预防本病的关键。

②治疗：发生本病后无特效的药物，可采取如下综合措施进行处理：第一，增加饲料中粗纤维比例，降低蛋白质和能量饲料的比例。第二，药物治疗。选用一些肠道抗生素（如氟苯尼考、硫酸卡那霉素）和磺胺类进行肌内注射或口服治疗，对轻度病例有一定效果，但对严重病例效果较差。第三，在用药治疗同时，可在兽医指导下，注射 A 型魏氏梭菌高免血清，有较好的治疗效果。但要注意预防发生过敏反应问题。第四，对其他假定健康的兔群可紧急免疫注射产气荚膜梭菌病灭活疫苗，经 1—2 周后可逐渐稳定病情。

（二）兔泰泽病

本病是由毛发状芽胞杆菌引起的一种以严重下痢、脱水和死亡为特征的兔消化道传染病。

病原

毛发状芽胞杆菌是一种革兰阴性、多形性、细长的细菌（图 2-11），属于芽胞杆菌科芽胞杆菌属，大小为（0.3—0.5）微米 ×（2.0—20）微米，能产生芽胞，周身有鞭毛，能运动，在细胞内寄生。分离病原比较困难。一般的消毒剂能在 5 分钟内杀死病原菌，但不会杀死芽胞。芽胞在污染的环境可存活 1 年，在 56℃环境下 1 小时可被杀死。

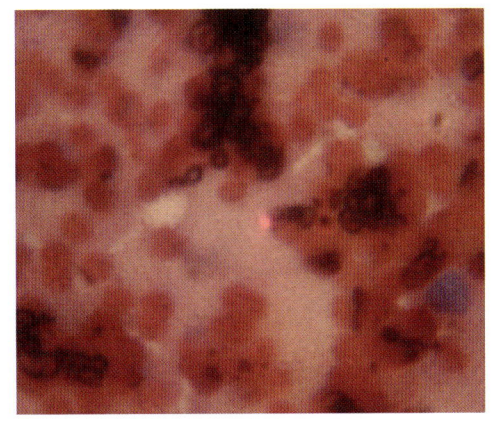

图 2-11　毛发状芽胞杆菌形态

流行特点

本病不仅发生于兔，而且也存在于其他多种实验动物和家畜中。6—12周龄的兔最易感。一年四季中以秋季至春季多发。本病经消化道感染。拥挤、气候骤变、长途运输及饲养管理不良等因素均可诱发本病。

临床症状

本病发生速度快，腹泻严重，粪便呈糊状或水样（图2-12）、褐色，臀部及后肢毛发常被粪便污染（图2-13）。病兔精神沉郁、迅速脱水，常于12—18小时内死亡。少数病兔也会耐过而成为僵兔。

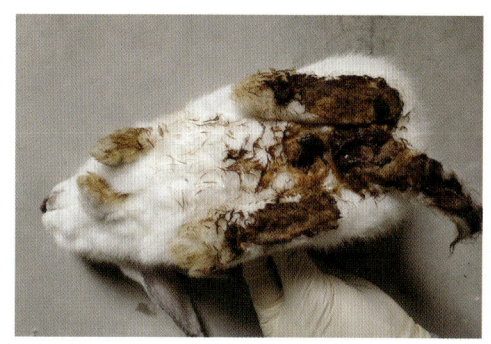

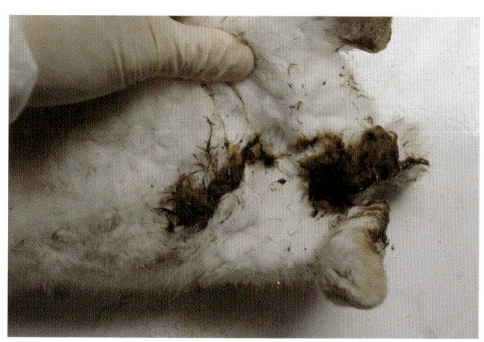

图2-12　粪便呈糊状　　　　　图2-13　臀部毛发常被粪便污染

病理变化

尸体脱水严重，盲肠、结肠以及回肠末端的浆膜下可见明显的出血斑（图2-14），盲肠壁增厚、黏膜粗糙呈颗粒状突起，肠管内内容物呈黑色水样。肝脏肿大、质脆，呈土黄色，表面有灰黄色坏死斑或小块死灶（图2-15、图2-16）。心肌有灰白色条纹、斑点或片状坏死灶（图2-17）。

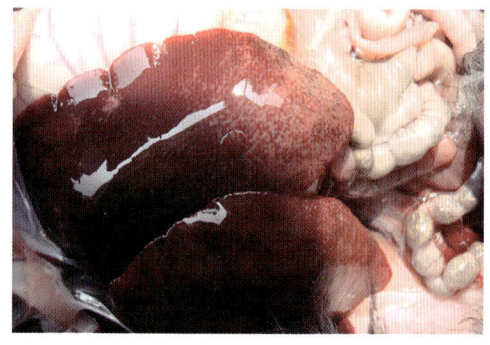

图2-14　盲肠和结肠壁浆膜下出血斑　　图2-15　肝脏表面坏死斑

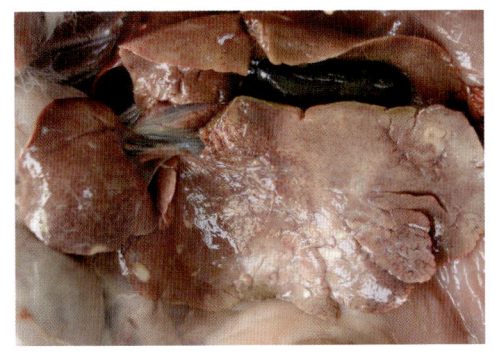

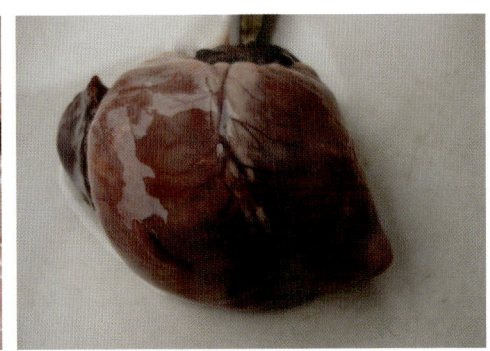

图 2-16　肝脏土黄色，表面有坏死灶　　图 2-17　心脏灰白色条纹状坏死

诊断

根据流行特点、临床症状、病理变化可作出初步诊断。确诊需取肝脏坏死区组织或肠病变黏膜组织进行涂片，用姬姆萨染色或过碘酸雪夫染色（PAS）染色，在细胞浆中发现毛样芽胞杆菌可确诊。

防治

①预防：平时要加强饲养管理，减少各种不良应激，定期消毒。同时可定期在饲料中按说明添加土霉素粉进行预防。

②治疗：在发病初期用抗生素治疗有一定效果，如用青霉素钠和硫酸链霉素肌内注射，或用土霉素或盐酸金霉素进行拌料治疗，连用 3 天。做好消毒和隔离措施。发病严重时，愈后不良。

（三）兔轮状病毒病

本病是由轮状病毒导致的兔出现顽固性腹泻的一种胃肠道传染病。

病原

轮状病毒属于呼肠孤病毒科轮状病毒属。病毒颗粒呈略圆形车轮状，具双层衣壳，中央为一个致密的六角形核心，外面呈辐射状排列的轮辐。颗粒直径 70—75 纳米，双链 RNA。病毒在粪便中可存活 7 个月，56℃ 30 分钟可被灭活，耐酸碱，对消毒药抵抗力强。

流行特点

本病主要侵害幼兔，特别是刚刚断奶的仔兔。成年兔多为隐性感染。在生产实践中，本病常与兔球虫病、大肠杆菌病等混合感染而使病情复杂化。本病多发生于冬春两季，特别是气候骤变、饲养管理不良、卫生条件差时可诱发本病。

临床症状

病兔主要表现精神沉郁、体温偏低、消瘦衰竭、腹部膨胀（图 2-18），顽固性腹泻（图 2-19）。个别还出现呕吐症状。粪便呈浅绿色水样、有恶臭，有时带有黏液或血液。最后病兔因严重脱水而衰竭死亡。死亡率可达 60% 以上。本病的传染速度不是很快，往往只局限在 1—2 窝或几窝仔兔内。

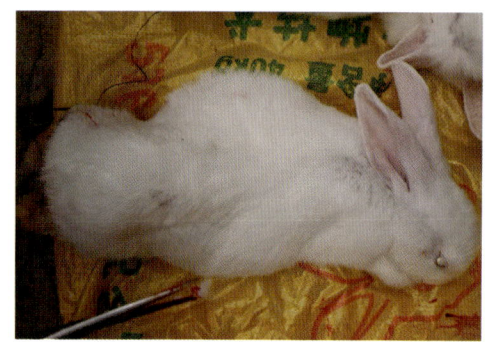

图 2-18　腹部膨胀

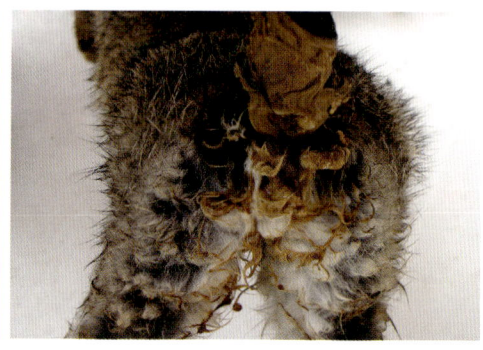

图 2-19　顽固性腹泻

病理变化

本病死亡的兔全身脱水病变明显，小肠充血膨胀（图 2-20），结肠淤血，盲肠肿大，内含大量水样内容物。肠黏膜脱落，肠壁有充血和出血病变。

诊断

根据流行特点、临床症状和病理变化可作出初步诊断，要确诊需取肠道内容物用胶体金快速病原诊断卡（图 2-21）诊断，或进行轮状病毒分离和 PCR 检测，

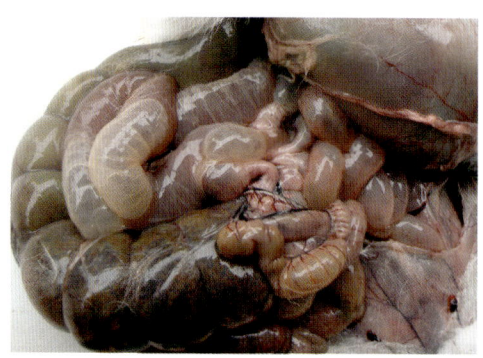

图 2-20　小肠充血膨胀

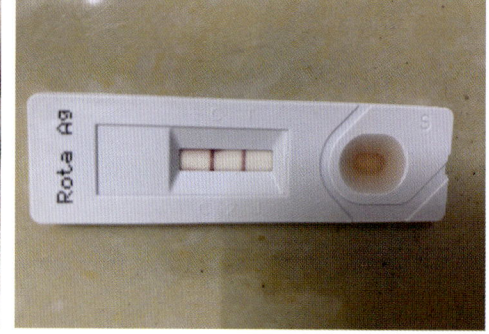

图 2-21　胶体金快速病原诊断卡（显示阳性）

或用 ELISA 方法检测血清中的阳性抗体。

防治

目前本病尚无有效的疫苗可供预防，平时需加强饲养管理，特别是要做好与腹泻有关的几种疾病的预防工作，以及母兔的饲养管理工作，对预防本病有重要意义。发病后要采取早期隔离治疗，及时补液，必要时可添加一些抗生素或磺胺类药物，以防止继发感染。

（四）兔大肠杆菌病

本病是由致病性大肠杆菌及其分泌出的毒素共同引起的兔常见肠道传染病。

病原

大肠杆菌属于肠杆菌科埃希杆菌属，革兰阴性菌，大小为（1—3）微米 ×（0.4—0.7）微米，呈卵圆形或杆状，不形成芽胞，大多数菌株有鞭毛，能运动，周身有菌毛。本菌为需氧或兼性厌氧，在普通培养基上生长良好，在麦康凯琼脂上形成粉红色菌落。大肠杆菌抗原结构复杂，菌株众多，对兔有致病力的有 O_1、O_2、O_{18}、O_{85}、O_{119}、O_{128}、O_{142} 等抗原型。本菌具中等抵抗力，在潮湿、阴暗环境中会存活 1 个月，在 60℃环境下 15 分钟被杀死，对一般消毒剂都敏感。

流行特点

本病主要危害 1—3 月龄的幼兔，而成年兔发病率较低。第一胎年轻母兔所生的仔兔，其发病率要明显高于老母兔所生的仔兔。无明显季节性。本病多为条件性疾病，当遇到饲养管理不良或气候转变时易发生。在发生其他肠道性疾病时（如兔魏氏梭菌病、沙门菌病、球虫病以及轮状病毒病等），可继发本病。

临床症状

发生本病时病兔精神沉郁，食欲减少，腹部臌胀（图 2-22）。病初粪便稀而黄（图 2-23），继而转为黏液性棕色稀粪（图 2-24）。病程稍长的病例，可见粪便细小，两头发尖，粪便外黏附着胶冻样黏液（图 2-25），有时直接排出透明黏液粪便（图 2-26）。急

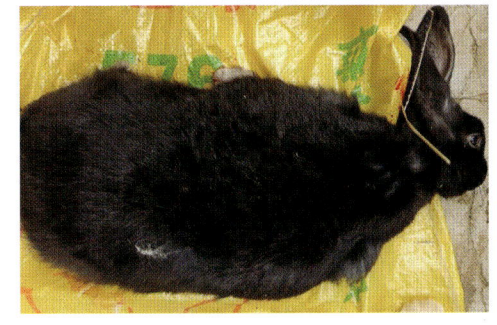

图 2-22　腹部臌胀

图 2-23　粪便稀而黄

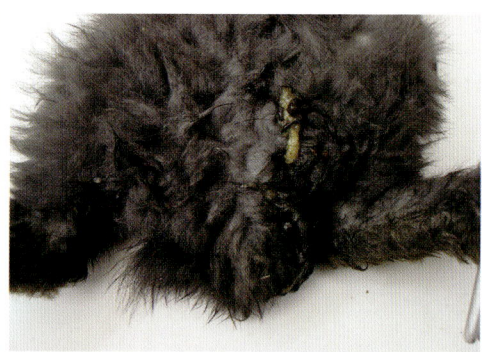

图 2-24　黏液性棕色稀粪

图 2-25　粪便外黏附胶冻样黏液

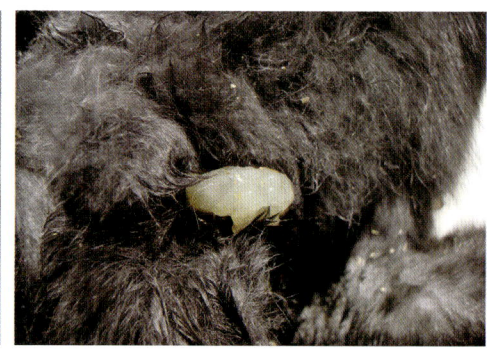

图 2-26　粪便呈透明黏液状

性病例往往见不到先兆症状就突然死亡，慢性病例的病程可持续7—8天或以上。

病理变化

剖检可见胃膨大，胃内充满水样内容物，十二指肠内通常充满气体和黄色内容物（图 2-27），空肠扩张，充满半透明内容物（图 2-28），回肠内容物为黏

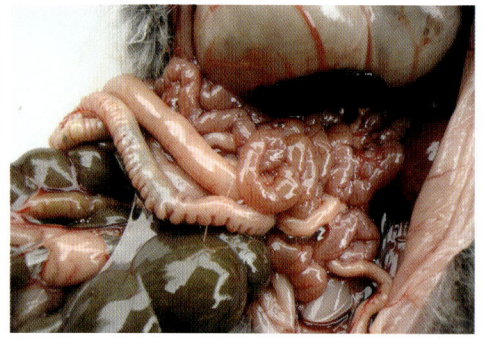

图 2-27　十二指肠充满气体和黄色内容物

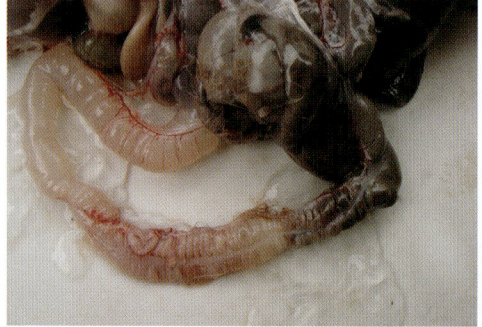

图 2-28　空肠充满半透明内容物

液状半固体，结肠扩张，有时内容物呈胶冻样（图 2-29）。病程较长者也可见到结肠和盲肠浆膜充血或出血斑（图 2-30）。急性败血症的病例还可见到肺部充血淤血，肺脏局灶性实变或肺脏有纤维性渗出病变。

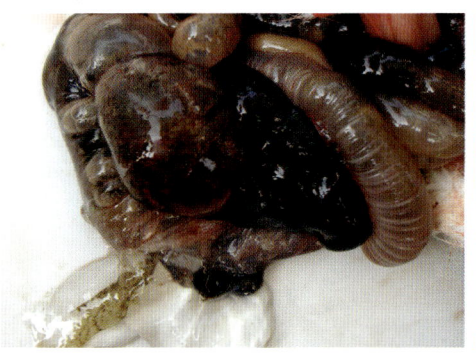

图 2-29　结肠内容物呈胶冻样

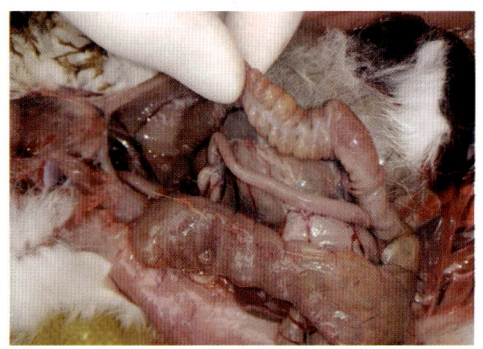

图 2-30　结肠和盲肠浆膜充血或出血斑

诊断

根据流行特点、临床症状、病理变化可作出初诊断。要确诊需进行细菌分离鉴定（图 2-31）。在临床上本病须与兔魏氏梭菌病、沙门菌病、球虫病、轮状病毒病进行鉴别诊断。

防治

①预防：在平时饲养管理过程中减少各种不良应激，做好兔舍卫生，喂料时不能骤然改变饲料配方，特别不能骤然添加新的饲料。在本病常发

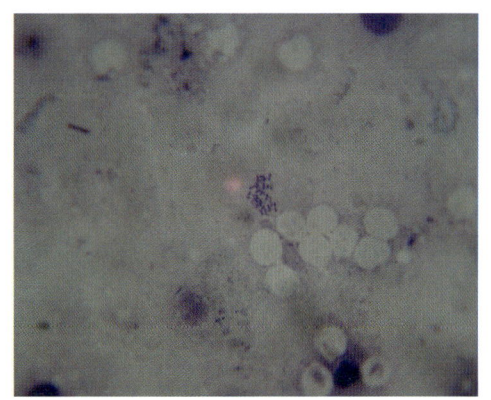

图 2-31　大肠杆菌镜下形态

的兔场可用本场分离的大肠杆菌制成灭活疫苗进行预防，小兔每只肌内注射 1 毫升，对预防本病有一定效果。

②治疗：本病的治疗可选用环丙沙星注射液（每千克体重 2.5 毫克）、硫酸庆大霉素（每千克体重 1 万—2 万单位）、硫酸卡那霉素（每千克体重 5—15 毫克）、氟苯尼考（每千克体重 20 毫克）、硫酸链霉素（每千克体重 20—30 毫克）等肌内注射。常用的口服药物可选用土霉素（每千克体重 20—50 毫克）、氟苯

尼考粉（每千克体重 20—40 毫克）、盐酸金霉素粉（每千克体重 10—25 毫克）等。在有条件的地方可分离大肠杆菌进行药敏试验，以便筛选出高效药物进行针对性治疗，提高治疗效果。

（五）兔沙门菌病

本病是由沙门菌引起的一种兔消化道传染病。幼兔以腹泻和败血症死亡为主，怀孕母兔以流产为主。

病原

沙门菌属于肠杆菌科沙门菌属，革兰阴性菌，形态呈短杆菌状，大小为（1.0—3.0）微米 ×（0.6—1.0）微米，无荚膜，无芽胞。该菌可以在普通营养琼脂上生长，也可在 SS 琼脂上生长良好。常见菌株为鼠伤寒沙门菌和肠炎沙门菌。沙门菌的抗原结构复杂，有菌体抗原（O）、鞭毛抗原（H）、毒力抗原（Vi）等，常见的菌体抗原有 O_1、O_4、O_{12} 等。该菌的抵抗力中等，一般消毒药均可杀灭。

流行特点

本病多发生于断奶幼兔和怀孕 25 天后的母兔。一年四季均可发生，其中以晚冬和早春多见。消化道感染（食入被病兔和鼠类污染的饲料或饮水），或兔隐性感染后，在各种应激因素作用下，致使身体抵抗力下降后诱发本病。

临床症状

除少数无明显症状而出现急性死亡外，多数病例表现为腹泻（图 2-32）。粪便稀而带有黏液和泡沫，黏附在后肢毛发上，呈黄褐色（图 2-33）。病兔体

图 2-32　粪便稀

图 2-33　粪便黏附在后肢毛发上，呈黄褐色

温升高、废食、消瘦。母兔可见从阴道内排出黏性或脓性分泌物，阴户红肿，流产后母兔多见死亡，少数康复兔也不易再受孕。

病理变化

死亡兔可见内脏器官充血或出血，肠浆膜上有局灶性溃疡或坏死（图2-34），并有黄色纤维性物质附着。肠淋巴结肿大。肝脏表面有弥漫性或散在的黄色坏死灶，脾脏肿大，肾脏肿大，表面也有小出血点（图2-35）。流产后的母兔子宫膨大，内含脓性分泌物。

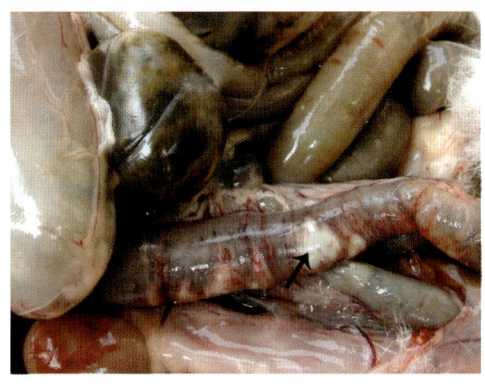

图 2-34　肠浆膜局灶性坏死　　　　图 2-35　肾脏表面小出血点

诊断

根据流行特点、临床症状、病理变化可作出初步诊断。确诊需对病死兔的肝脏、脾脏、肠道等病变组织进行细菌的分离和鉴定。

防治

①预防：兔场平时要做好环境卫生，彻底消灭老鼠和苍蝇，防止饲料、饮水、用具受沙门菌污染。引进种兔时要严格检疫和隔离饲养。本病比较严重的兔场，可对怀孕母兔肌内注射鼠伤寒沙门菌灭活疫苗，每只1毫升，每年2次，对预防本病也有一定效果。

②治疗：可用氟苯尼考注射液进行肌内注射（每千克体重20毫克），也可选用土霉素、磺胺二甲基嘧啶、大蒜汁（将洗净的大蒜捣烂，按1∶5比例加水，每只病兔口服3—5毫升）等药物口服治疗，均有一定的效果。

（六）兔伪结核病

本病是伪结核耶尔森杆菌引起的一种兔慢性消耗性消化道传染病。

病原

伪结核耶尔森杆菌属于肠杆菌科耶尔森菌属，革兰阴性菌，常呈短杆菌状，大小为（1—3）微米 ×（0.5—0.8）微米，无荚膜，不产生芽胞，有鞭毛，在内脏器官涂片中多呈两极染色。根据菌体抗原可分为6个不同的血清型（Ⅰ—Ⅳ），感染家兔的以Ⅰ型、Ⅱ型常见。该菌对干燥有抵抗力，在0—5℃环境下也能繁殖，具有嗜冷性，一般消毒药均能杀死该菌。

流行特点

除兔以外，其他啮齿动物也可以感染本病。以散发为主，偶尔也可呈地方性流行。本病主要通过消化道、呼吸道以及伤口、交配等途径传播。

临床症状

多数病例可见食欲不振，精神委顿，进行性消瘦，个别有腹泻和眼结膜炎症状（图2-36）。腹部触诊时可触摸到肿大的硬块。病程可持续1个月以上，最后衰竭而死亡。

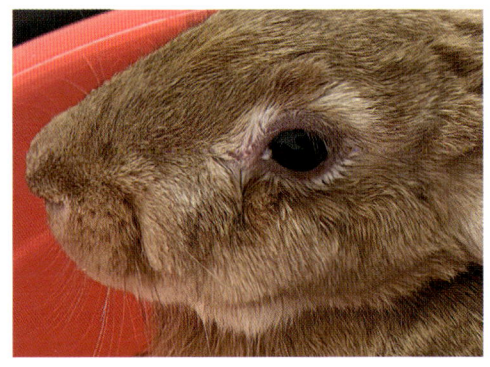

图2-36 病兔眼结膜炎

病理变化

病死兔的尸体消瘦，内脏器官不同程度地出现一些坏死结节。其中，回肠与盲肠交界处的圆小囊肿大明显、质地较硬，囊壁上有不少黄白色坏死小结节，盲肠蚓突也肿大、变硬呈小香肠状（图2-37），肠壁上有不同程度的坏死小结节（图2-38）。脾脏肿大，上面也有许多坏死小结节。肝脏肿大，肠系膜淋巴结肿大，肠黏膜增厚起皱呈脑回状。

诊断

通过流行特点、临床症状、病理变化可做初步诊断。在临床上要与结核病区别诊断。结核病的结核结节一般不发生在盲肠的蚓突和圆小囊部位。两者病原上也不相同，本病的病原为革兰阴性菌，不具有抗酸染色；而结核杆菌为革兰阳性菌，并具有抗酸染色。

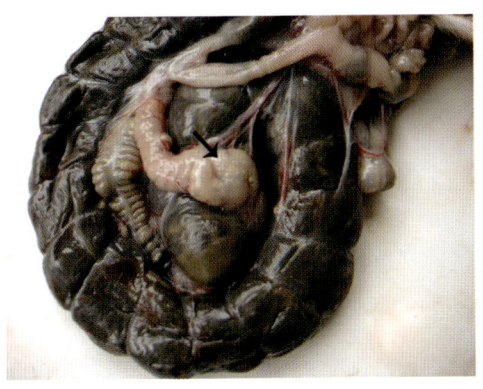

图 2-37 盲肠蚓突肿大，表面有白色小 图 2-38 肠壁有不同程度的坏死小结节
结节

防治

①预防：由于本病是一种慢性病，也是多种啮齿动物共患病，在预防上要做好兔舍的卫生管理和消毒工作，加强灭鼠工作，禁止到有本病隐性感染的兔场引种。

②治疗：原则上，发现本病要立即隔离并采取淘汰处理。对个别隔离的病兔，可肌内注射硫酸链霉素或口服四环素粉。

（七）兔球虫病

本病是由艾美耳属的多种球虫寄生于兔的肠上皮细胞或肝脏胆管上皮细胞内引起的一种内寄生虫病。

病原

兔球虫属于艾美耳科艾美耳属，种类较多，目前已记录的种类有 16 种，大多数病例是由两种或两种以上球虫混合感染所引起的。不同种类兔球虫的形态结构及寄生部位有所不同，斯氏艾美耳球虫寄生于肝脏胆管上皮细胞，其他种类寄生于肠管上皮细胞。从新鲜粪便内分离出的球虫卵囊多呈椭圆形或卵圆形、灰黄色，卵囊壁光滑，有或无卵膜孔，卵囊直径 16—40 微米，成熟的孢子化卵囊内含 4 个孢子囊，每个孢子囊含 2 个子孢子，此外孢子化卵囊内还有极粒及残体结构。孢子化卵囊在兔体内要经历无性繁殖和配子生殖 2 个阶段，形成的卵囊排到体外在合适的环境下经孢子生殖发育为具有感染性的孢子化卵囊，整个发育周期 9—

15 天。卵囊在外界的生命力极强，在 2—28℃潮湿环境下可存活 1 年，但其对日光和干燥比较敏感，日光下数小时即被杀死，对消毒药的抵抗力也较强。

流行特点

本病是兔最常见的一种寄生虫疾病，一年四季均可发生，其中以高温季节多发。各种品种和年龄兔均可发生，其中断奶至 4 月龄的小兔易感性最高，死亡率也高，而成年兔多为隐性感染成为带虫者。本病的发生与饲养环境条件好坏息息相关：饲养环境潮湿、卫生条件差，发病率相对较高；饲养环境干燥（如漏粪饲养），卫生条件好，发病率相对就低。

临床症状

在临床上兔球虫病可见 3 种类型。

①肠型：多见于 20—60 日龄的小兔，主要表现为精神沉郁，有不同程度的腹泻症状（有的间歇性腹泻，有的水样腹泻）（图 2-39），粪便中常混有黏液或血液。病程短，严重的病例常因脱水而死亡。死亡率可达 50%—80%。

②肝型：多见于 30—90 日龄的小兔，多为慢性经过。主要表现为食欲减少或废绝，眼结膜黄染，时而腹泻、腹围增大、触诊肝区可见疼痛反应，时而会出现痉挛或麻痹等神经症状。死亡率相对会低些。

③混合型：即同一头病兔既有肠型球虫又有肝型球虫，在临床上兼有两种类型相应的症状，死亡率可高达 90% 以上。

病理变化

①肠型：在病死兔的大小肠可见肠黏膜炎症充血，有时有出血点或出血斑，大肠内充满气体、黏液及水样内容物（图 2-40）。慢性病例在小

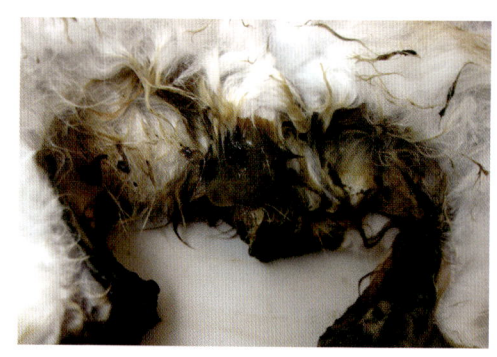

图 2-39　拉水样粪便

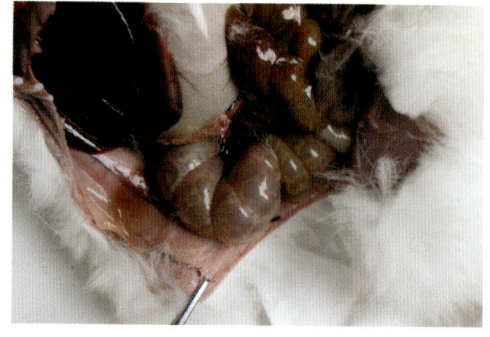

图 2-40　大肠充满气体及水样内容物

肠浆膜和黏膜上可见一些白色坏死灶（图2-41、图2-42），个别还可见到脓性坏死灶。

图2-41 小肠浆膜上白色坏死灶

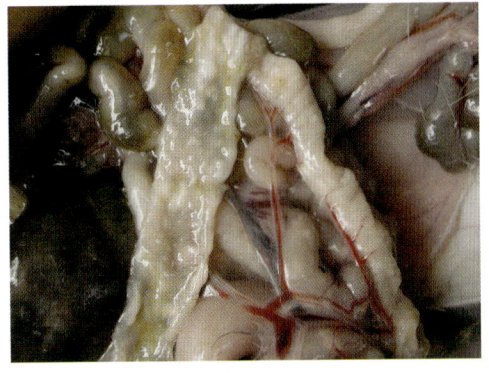

②肝型：病兔全身可视黏膜黄染，肝脏肿大明显，肝表面及实质内有白色或淡黄色坏死灶或坏死斑（图2-43至图2-45），这些坏死灶有的是球虫结节，有的是坏死组织的钙化灶。慢性病例可导致肝硬化和腹水增加。

③混合型：病兔兼有肝脏病变和肠道病变。

图2-42 小肠黏膜上白色坏死灶

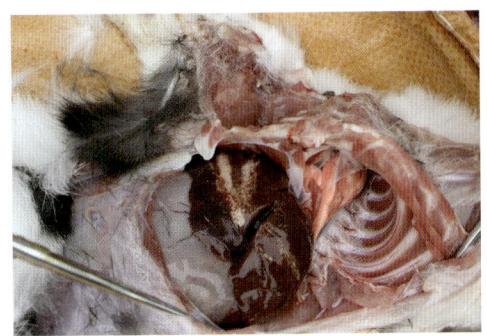

图2-43 肝脏表面白色坏死斑

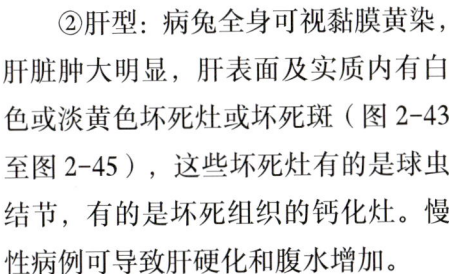

图2-44 肝脏表面白色小坏死灶

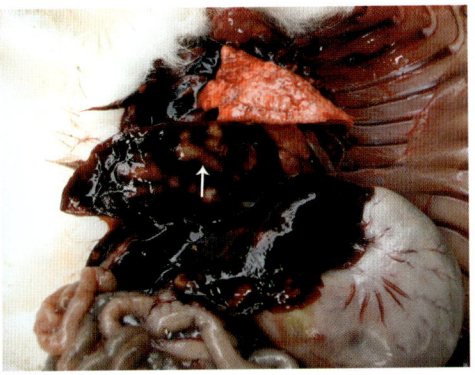

图2-45 肝脏表面白色大坏死灶

诊断

根据流行特点、临床症状、病理变化可作出初步诊断。此外，对肠型球虫来说，在临床上取粪便的直接涂片镜检或把粪便用饱和盐水漂浮集卵后镜检，如检出大量的球虫卵囊（图2-46）可作出患病诊断。兔肠道球虫的种类比较多，要判断是哪一种球虫，需对卵囊进行培养鉴定。对于肝型球虫病例来说，可取肝脏上的白色结节病灶，加以适量生理盐水进行压片镜检，如见到斯氏艾美耳球虫（图2-47）的卵囊可确诊。值得一提的是，在临床上不能单纯根据粪便镜检发现少量球虫的卵囊就确诊为单纯性的球虫病，因为兔隐性带虫现象很普遍，在发生其他肠道疾病时往往也能检出球虫卵囊。

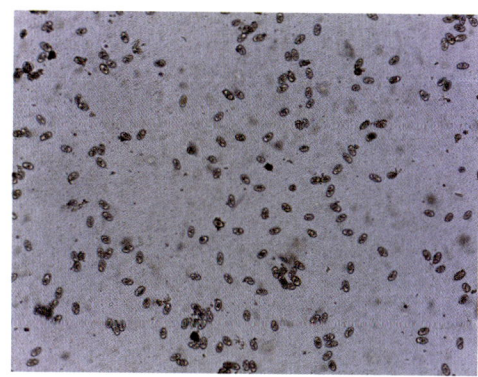

图2-46　球虫卵囊形态

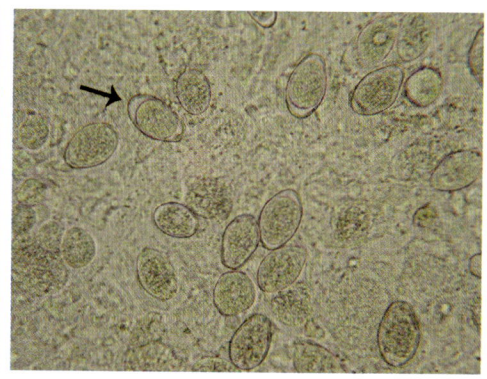

图2-47　斯氏艾美耳球虫卵囊形态

防治

①预防：首先要保持兔舍干燥和卫生清洁，不同阶段的兔要分开饲养，避免交叉感染。其次，在本病易发阶段（如断奶幼兔）可定期地添加抗球虫药进行预防。

②治疗：治疗兔球虫病的药物很多，常见的有磺胺氯吡嗪（每千克体重50毫克拌料）、盐酸氯苯胍（每千克体重30毫克拌料）、磺胺二甲基嘧啶（每千克体重100毫克拌料）、磺胺甲噁唑（每千克体重50毫克拌料）、地克珠利（按万分之0.05的比例拌料）、盐酸氨丙啉（按万分之2.5的比例拌料）等。此外，氢溴酸常山酮、乙酸酰胺苯甲酯、癸氧喹酯、青蒿素等抗球虫药也有效果。一般疗程为3—5天，对个别严重的病例可用磺胺间甲氧嘧啶钠肌内注射。为了防止球虫病产生耐药性问题，可把几种球虫药轮换使用或联合使用。对于肠出血严重

的病例可配合使用维生素 K$_3$ 粉，以提高治疗效果。治疗好后 7—10 天还需根据病情重复用药 1—2 个疗程。

（八）兔霉变饲料中毒

兔霉变饲料中毒是指兔采食到霉变饲料导致的一种中毒性疾病。

病因

在南方地区，由于雨水多，空气潮湿，气温较高，兔用的饲料和牧草均易发霉。一般来说，兔对霉变饲料有一定的抵抗力，但是吃了大量发霉的草料或笼内垫料严重长霉，有可能导致兔出现中毒现象。

临床症状

霉菌的种类比较多，不同的霉菌中毒表现症状有所不同。烟曲霉毒素中毒对幼兔的肺脏影响较大，可导致呼吸道症状，如喘气、咳嗽；赭曲霉毒素中毒可导致消化功能障碍，出现腹泻症状、粪便偏稀呈黄褐色（图 2-48）和神经症状，甚至死亡（图 2-49）。妊娠母兔发生霉菌毒素中毒后易出现流产和死胎现象。

图 2-48　粪便偏稀，呈黄褐色

图 2-49　病兔腹泻、死亡

病理变化

兔烟曲霉毒素中毒后可见到肺脏表面有粟粒大小的霉菌结节。所有霉菌毒素均可导致病兔的肝脏肿大、实变，胃肠肿大（图 2-50）、胃肠道黏膜出血（图 2-51），以及肠黏膜脱落等病变。

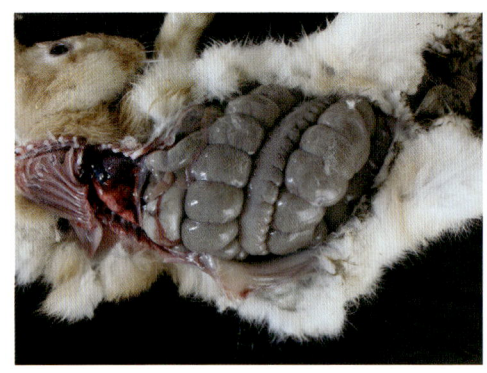

图 2-50　胃肠肿大

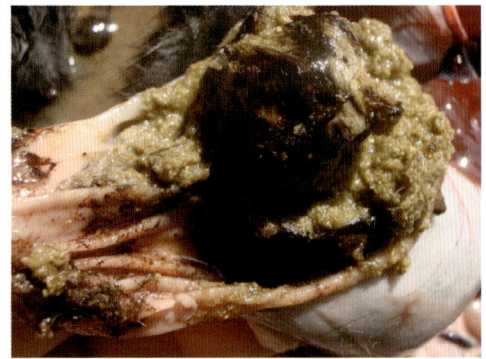

图 2-51　胃黏膜出血

诊断

根据病史、临床症状、病理变化可作出初步诊断。必要时可取肺脏霉菌结节进行霉菌分离、培养鉴定，以及对饲料进行霉菌毒素的化验分析。

防治

①预防：保持兔舍和兔笼清洁、干燥，严禁饲喂霉变的草料，经常清洗饲槽，防止发霉。

②治疗：兔群发现有霉变饲料中毒后要立即停喂，并用一些轻泻药物进行灌服（10% 硫酸镁溶液 20 毫升），同时可静脉注射 10% 葡萄糖溶液 10 毫升、10% 维生素 C 注射液 1—2 毫升进行保肝解毒处理。

（九）兔药物中毒

兔药物中毒是指兔采食到一些毒副作用大的药物导致的一种中毒性疾病。

病因

在生产实践或临床治疗中常常由于药物使用剂量过大（如过量使用马杜霉素抗球虫药），或药物给药途径不当（如阿莫西林口服易导致兔胃肠黏膜脱落和肠道微生物区系破坏），或使用一些禁止在兔使用的药物（如利福平、林可霉素等），以及使用某些配伍禁忌的两种药物（如盐霉素和泰妙菌素）等，造成兔中毒现象。

临床症状

兔中毒后一般表现为食欲废绝、精神沉郁，不同程度的腹泻症状（图 2-52），有的还表现肌肉无力或瘫痪症状。死亡率因中毒药物品种、剂量不同而异。严重

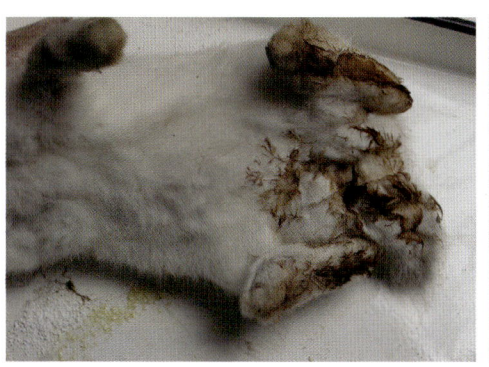

图 2-52　病兔腹泻

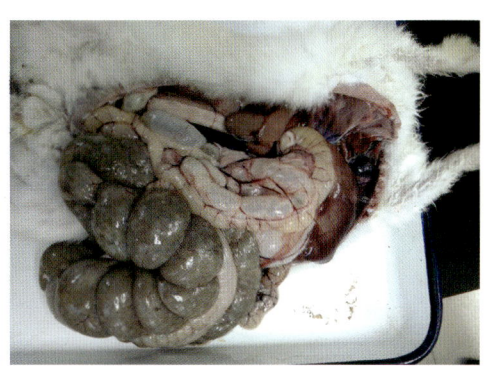

图 2-53　胃肠肿大

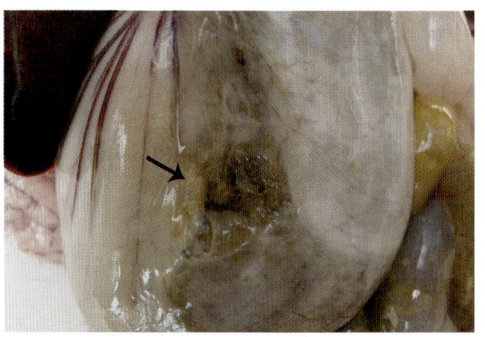

图 2-54　胃壁变薄、穿孔

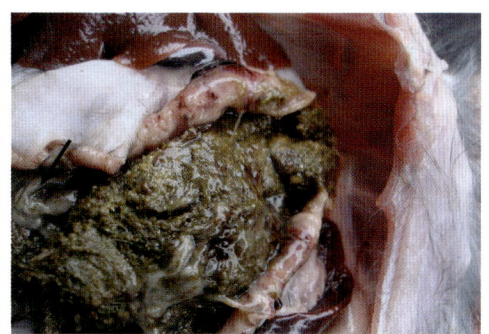

图 2-55　胃黏膜易脱落

的死亡率可达 80% 以上，病程可持续 5—10 天。

病理变化

主要病理变化是胃肠肿大（图 2-53）、胃壁变薄易穿孔（图 2-54）、胃黏膜易脱落（图 2-55）、肠内容物稀、肝脏淤黑色，有的还表现肺脏出血、肾脏出血病变。

诊断

根据用药史及临床症状、病理变化可作出初步诊断，必要时可对内脏器官进行药物残留检测。

防治

①预防：严格按药品使用说明用药，不能超量使用，禁止使用某些对兔有毒副作用的违禁药物。

②治疗：首先要停止使用相应药物，全群口服适量的葡萄糖或多种维生素

进行一般性解毒处理。对个别病兔可静脉注射 10% 葡萄糖注射液 30—50 毫升、10% 维生素 C 注射液 1—2 毫升进行解毒处理。

（十）兔普通腹泻

兔普通腹泻是指由于饲养管理不良导致兔出现腹泻症状的一类疾病。

病因

导致兔腹泻的病因很多，其中有传染性的病因（如魏氏梭菌、大肠杆菌、沙门菌、轮状病毒、球虫等），有的是非传染性病因，这里着重介绍非传染性病因导致的普通腹泻。非传染性病因中最常见的原因是饲养管理不良，如喂料过多、饲料不清洁与霉变、饲料配方改变、药物使用不当、饲养环境的突然改变等。

临床症状

病兔主要表现为排粥样稀粪或排水样稀粪（图 2-56），粪便中含有不消化的饲草，有时带黏液或血液，还有不同程度的全身脱水症状。相对于单纯非传染性腹泻，病情相对较轻，死亡率相对较低些。

图 2-56　排水样稀粪

病理变化

病兔腹泻后全身脱水病变明显，胃肠膨胀（图 2-57），肠道内充满水样内容物，胃肠浆膜和黏膜充血出血（图 2-58）。严重时可见胃黏膜脱落。

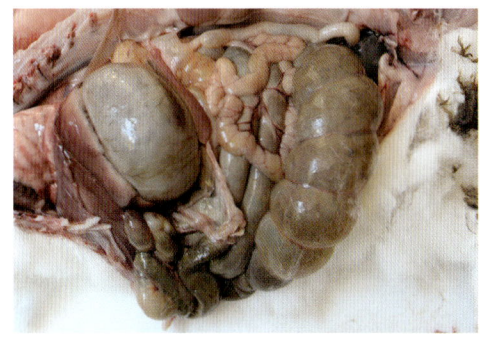

图 2-57　胃肠膨胀

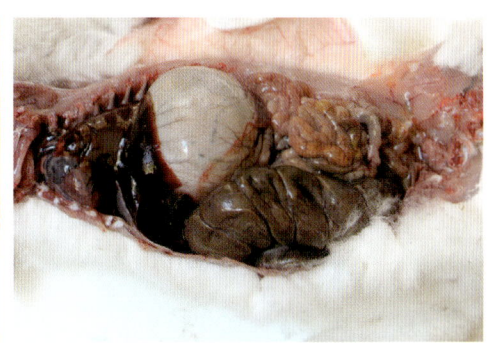

图 2-58　胃肠浆膜充血出血

诊断

从临床上看，非传染性腹泻所排出的粪便较软、呈粥样，排便次数也相对较少，全身症状轻，经处理后恢复快。小肠内容物可镜检出大量的酵母菌（图2-59）。而传染性腹泻的病情较严重，排出水样稀粪，有的带黏液或带脓血，死亡率比较高。此外，通过病原化验检测，也可区别传染性和非传染性腹泻。

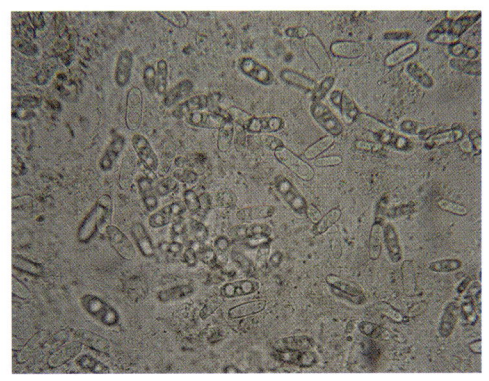

图2-59　酵母菌形态

防治

①预防：平时要加强饲养管理工作，少喂含水分高的青绿饲料，同时可定期使用一些药物（如活菌制剂、磺胺类药物、抗球虫药物等）进行预防，能有效地预防腹泻的发生。

②治疗：对单纯性非传染性病因引起的腹泻可选用大蒜酊、陈皮酊或肠道抗生素及磺胺类药物，同时改变不良的饲养管理条件，多数病例在1—2天内即可恢复正常。个别严重的病兔可肌内注射硫酸庆大霉素。

三、兔呼吸道性疾病诊治

兔呼吸道性疾病也是兔场的常见病和多发病。导致兔出现呼吸道症状的疾病有多种，包括病毒性的疾病（如兔病毒性出血症）、细菌性疾病（如兔巴氏杆菌病、支气管败血波氏杆菌病、肺炎克雷伯菌病、肺炎双球菌病、链球菌病、绿脓杆菌病、伪结核病等）、寄生虫性疾病（如兔弓形虫病），还有饲养管理不良导致的疾病（如兔鼻炎、感冒等）。这里主要介绍兔巴氏杆菌病、支气管败血波氏杆菌病、肺炎克雷伯菌病、肺炎双球菌病、鼻炎及感冒。

（一）兔巴氏杆菌病

本病是由多杀性巴氏杆菌引起的一种兔出现多种病症的传染病。

病原

多杀性巴氏杆菌属于巴氏杆菌科巴氏杆菌属，革兰阴性，无鞭毛，无芽胞，大小为（0.25—0.4）微米 ×（0.5—2.5）微米，单个或成双存在，在感染组织中的菌体染色通常可见明显的两极浓染（图3-1），有荚膜。该菌为需氧或兼性厌氧，在普通培养基上可生长，但生长不好，在血液琼脂上生长良好，菌落呈灰白色、边缘整齐、表面湿润、黏稠（图3-2），在45℃折射光线下菌落有明显的荧光。根据细菌抗原特点，可将巴氏杆菌分成A、B、C、D、E 5个血清型，目前从兔

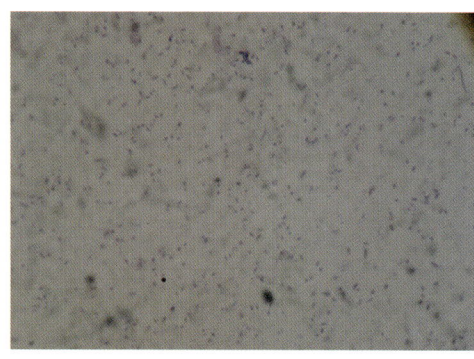

图3-1　兔巴氏杆菌形态

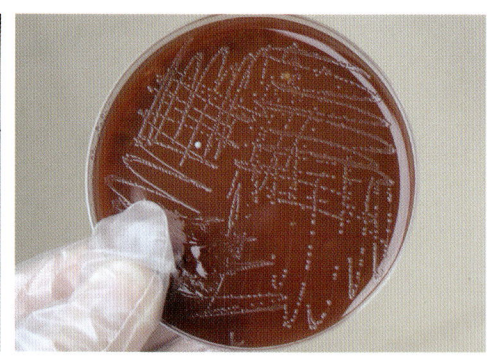

图3-2　兔巴氏杆菌菌落形态

分离出的有 A 型和 D 型 2 个血清型。该菌对外界因素的抵抗力不强，一般消毒药均能将其杀死。

流行特点

本病对各种品种兔和不同日龄兔均易感，其中以 2—6 月龄兔发病率最高。一年四季均可发生，其中以春秋两季多发。本病在兔群中可散发，也可出现地方流行性。多杀性巴氏杆菌常隐性存在于兔体内，当环境条件发生变化时易诱发本病。

临床症状

本病在临床上有多种表现类型。

①急性败血型：在本病流行初期或受到不良环境应激时，往往可见到极个别兔在无任何先兆症状就死亡在笼子内；或者出现一定的精神沉郁或呼吸急促症状，体温上升到 41℃，鼻流清涕或脓涕（图 3-3），病程 1—3 天，死前体温下降，四肢抽搐而死。

②呼吸型：本病的病程长短不一，主要表现为精神沉郁（图 3-4）、食欲下降，并出现打喷嚏、咳嗽、鼻孔流出浆液性或粉红色分泌物（图 3-5、图 3-6）等症状。

图 3-3　鼻流脓涕

图 3-4　精神沉郁

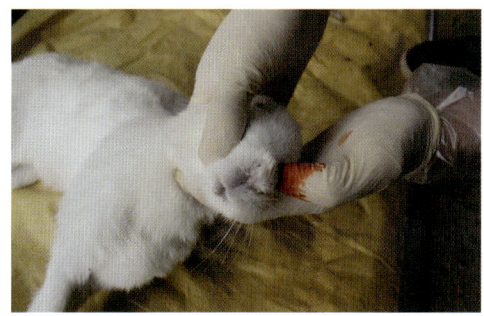

图 3-5　鼻流浆液性分泌物

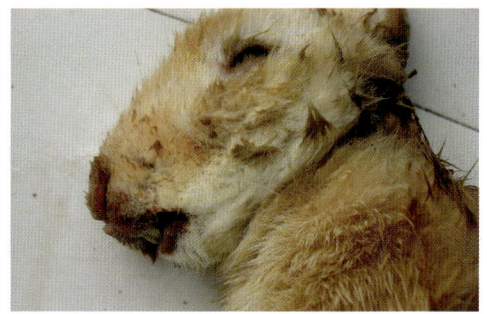

图 3-6　鼻流粉红色分泌物

病兔经常用前爪摩擦鼻孔，严重时可见鼻子周围形成结痂。若并发肺炎症状，则死亡较快。

③中耳炎型（又称斜颈病）：病兔出现歪头斜颈（图3-7），严重时会向一侧转圈（图3-8），时好时坏，反复发作。有时可见耳内流出白色脓性分泌物。病兔由于采食和饮水受影响，逐渐消瘦，最后衰竭而死。

图3-7 病兔歪头斜颈

图3-8 病兔头部向一侧转圈

④其他病症型：公母兔生殖器官感染发炎而表现睾丸炎、附睾炎、子宫炎症状。幼兔会出现眼结膜炎（图3-9），表现眼睑肿胀、结膜潮红（图3-10）、眼内分泌物偏多（图3-11）等症状。

图3-9 幼兔眼结膜炎

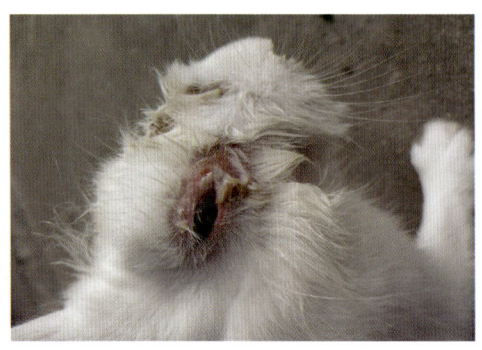

图3-10 幼兔眼结膜潮红

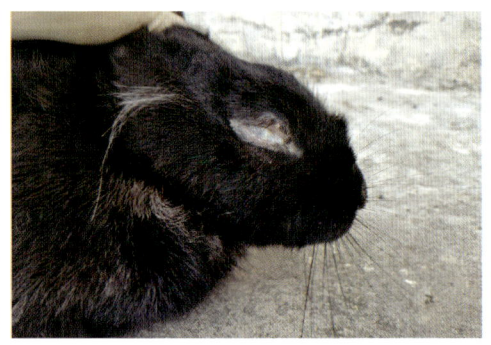

图3-11 幼兔眼内分泌物多

病理变化

①急性败血型：鼻黏膜充血，鼻腔内有黏性或脓性分泌物；喉气管充血和出血；胸腔有积液（图3-12），肺脏有水肿和充血、出血；心脏内外膜充血，并有出血斑；肝脏有灰白色坏死灶（图3-13）。

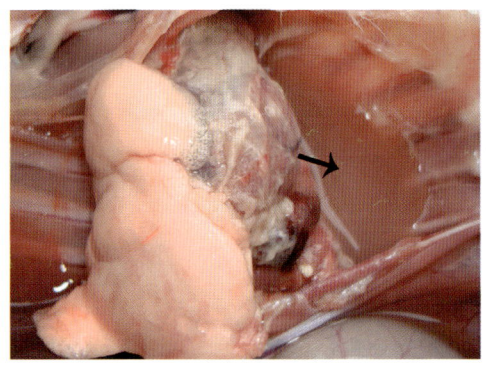

图3-12　胸腔积液

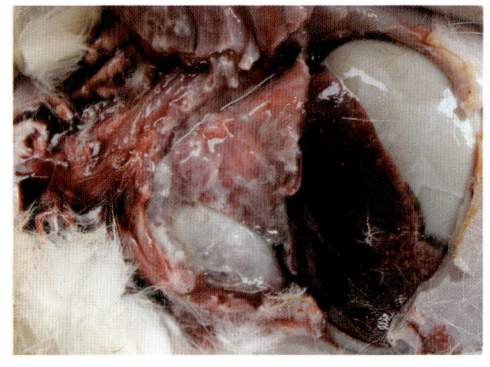

图3-13　肝脏表面灰白色坏死灶

②呼吸型：上呼吸道有不同程度的充血、出血，呼吸道内充满黏性和脓性分泌物，肺炎和胸膜炎病变明显，有时可见肺脏出现不同程度的肉样实变（图3-14、图3-15），有时还出现一些灰白色坏死灶，有时在肺脏表面可形成黄色纤维素性渗出物或干酪样渗出物（图3-16、图3-17），肺

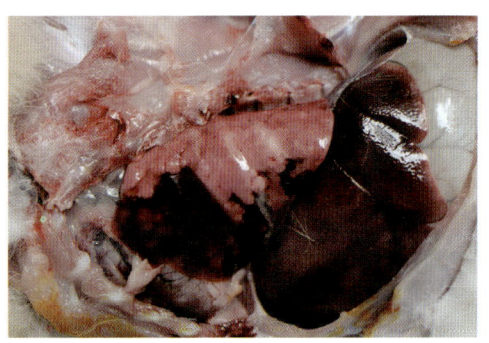

图3-14　肺脏轻度肉样实变

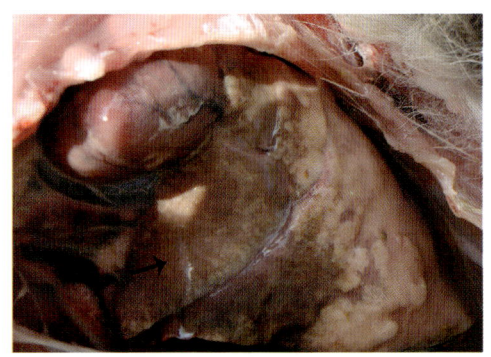

图3-15　肺脏严重肉样实变

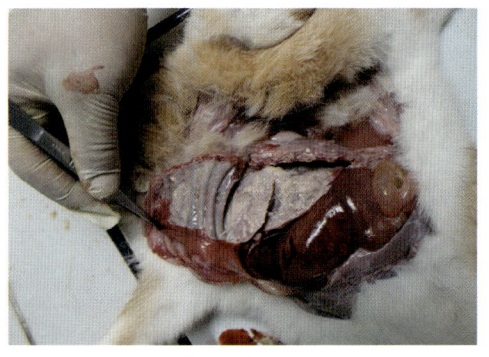

图3-16　肺脏表面黄色纤维素性渗出物

脏与肋骨膜粘连（图3-18），胸腔积液浑浊。

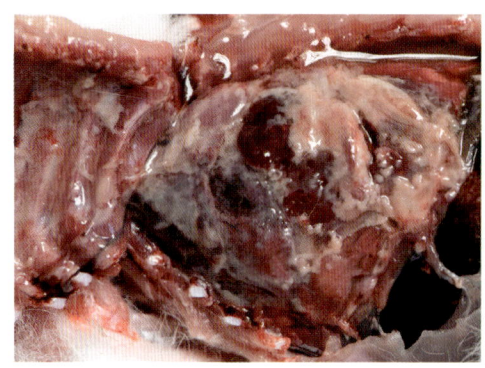 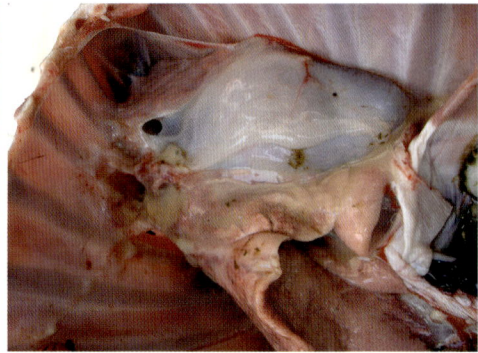

图3-17　肺脏表面干酪样渗出物　　　图3-18　肺脏与肋骨膜粘连

③中耳炎型：一侧或两侧耳朵的鼓室有脓性分泌物，严重时可流出外耳道。个别病例还会感染脑部，并出现脑膜炎病变。

④其他病症型：公兔和母兔的生殖器官发生炎症，其中公兔出现睾丸炎，母兔出现化脓性子宫炎。幼兔还会出现结膜炎。

诊断

根据流行特点、临床症状、病理变化可作出初步诊断。用病变组织进行细菌分离培养，找到两极浓染的多杀性巴氏杆菌可确诊。在临床上本病常与其他呼吸道疾病并发感染，须做好鉴别诊断。

防治

①预防：平时要加强饲养管理，改善卫生条件，提高兔抵抗力，尽量减少各种不良应激。坚持自繁自养，对新引入的种兔要严格检疫和隔离饲养。此外，最关键的是免疫接种，兔场每年按程序接种2—3次多杀性巴氏杆菌病灭活疫苗或兔病毒性出血症、多杀性巴氏杆菌病二联灭活疫苗或兔病毒性出血症、多杀性巴氏杆菌病、产气荚膜梭菌病三联灭活疫苗。

②治疗：发生本病对群体投药可使用磺胺嘧啶（每千克体重0.1—0.2克），或土霉素（每千克体重20—40毫克），或氟苯尼考（每千克体重20毫克）等药物；个别病兔可肌内注射硫酸庆大霉素（每千克体重1万单位），或青霉素钠和硫酸链霉素（按说明书使用），或硫酸卡那霉素（每千克体重10—20毫克）等，连续注射2—3次。有条件的兔场可以进行细菌分离和药敏试验，筛选出敏感药

物进行治疗。对个别中耳炎病例，除注射和口服用药外，还要局部做排脓处理和消炎处理。

（二）兔支气管败血波氏杆菌病

本病是由支气管败血波氏杆菌引起的一种以慢性鼻炎、支气管肺炎为主要特征的兔呼吸道传染病，简称兔波氏杆菌病。

病原

支气管败血波氏杆菌属于产碱杆菌科波氏菌属，革兰阴性，形态呈细小球杆状，大小为（0.2—0.3）微米 ×（0.5—1.0）微米，具有周身鞭毛，能运动，不形成芽胞，有些可见荚膜。该菌严格需氧，在普通培养基上生长良好，也能在麦康凯琼脂上生长，菌落圆形、光滑、边缘整齐（图 3-19），某些菌株呈 β 溶血。该菌抵抗力不强，一般消毒药对其均有杀灭效果。

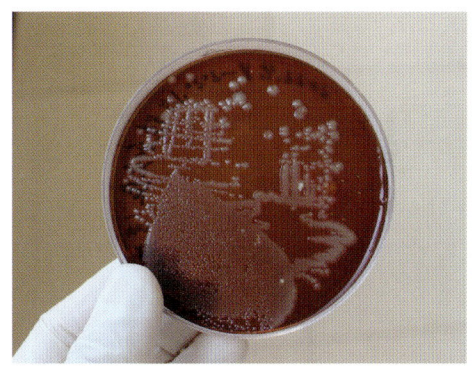
图 3-19 培养基上支气管败血波氏杆菌菌落形态

流行特点

各种日龄兔均可发生本病，其中仔兔和青年兔多以急性病例为主，而成年兔多以慢性病例为主。一年四季均可发生，其中以春秋两季气候多变时多发。兔舍内通风不良时易导致本病流行。本病的传播可通过打喷嚏、咳嗽等水平传播。支气管败血波氏杆菌可隐性存在于兔的呼吸道内，当环境发生骤变时诱发本病。

临床症状

在临床上主要表现以下两种类型。

①鼻炎型：经常有打喷嚏症状，鼻孔中流出浆液性或黏性鼻液（图 3-20）。经治疗或环境改善后病兔很快恢复正

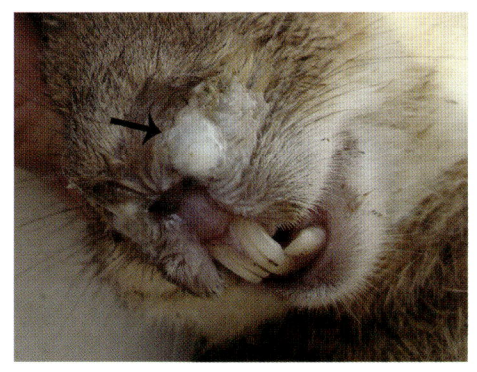
图 3-20 鼻流浆液性鼻液

常，但一段时间后又易复发，发病率高，但死亡率较低。

②支气管肺炎型：以散发为主。病兔表现打喷嚏和咳嗽等呼吸道症状，鼻孔有黏液性或脓性分泌物流出，病程较长。严重的可并发或继发其他呼吸道疾病，大大增加病兔的死亡率。

病理变化

①鼻炎型：鼻黏膜充血、出血，鼻腔内黏附有浆液性或黏液性分泌物。严重时可见鼻甲骨变形。其他脏器病变不明显。

②支气管肺炎型：气管和支气管充血、出血，上呼吸道内充满黏液性或脓性分泌物。胸腔内有明显的胸膜肺炎病变，肺脏内有一些数量不等、大小不一的脓肿（图3-21），切开脓肿呈现白色干酪样病变（图3-22）。有些肺脏呈现不同程度坏死病变（图3-23、图3-24）。有时在肝脏及其他脏器也可见到脓

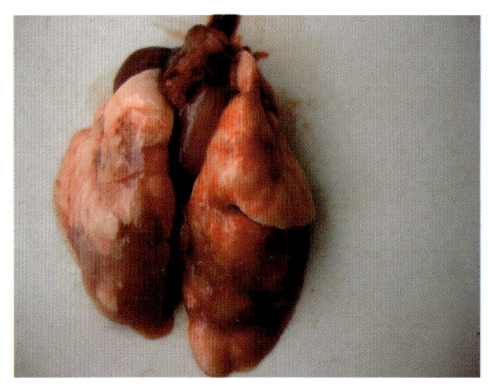

图3-21　肺脏有大小不等的脓肿

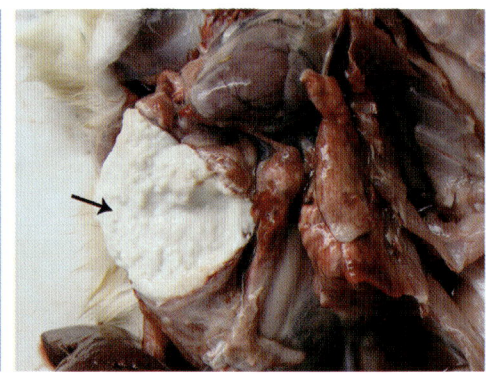

图3-22　肺脏呈白色干酪样

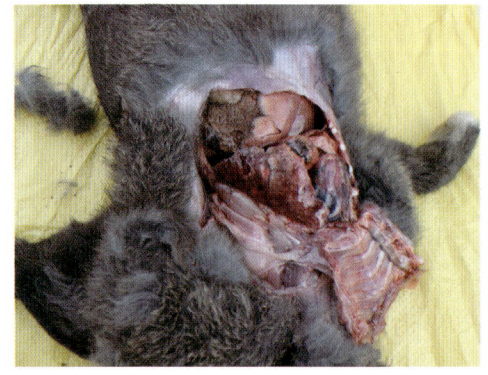

图3-23　肺脏坏死

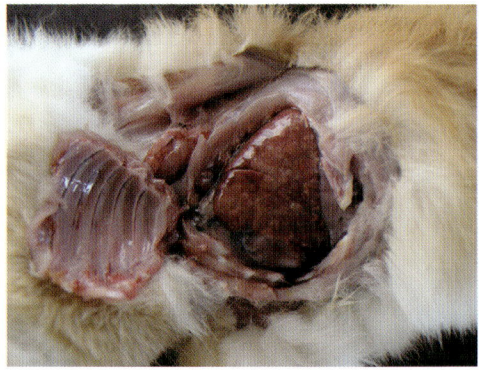

图3-24　肺脏严重坏死

肿（图 3-25）。

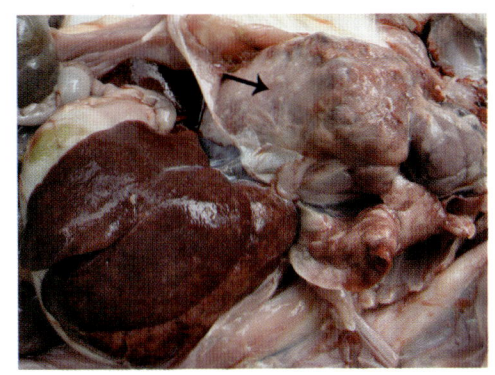

图 3-25　肝脏脓肿和坏死斑

诊断

根据流行特点、临床症状、病理变化可作出初步诊断。确诊要取脓汁等病料进行细菌镜检，以及培养鉴定。在临床上要注意与兔巴氏杆菌病、李氏杆菌病、葡萄球菌病等进行鉴别诊断，特别要注意是否存在与上述几种疾病的混合感染。

防治

①预防：平时要加强饲养管理，注意环境的清洁卫生和通风，尽量减少环境的不良应激。对本病常发的兔场可使用兔支气管败血波氏杆菌病灭活疫苗或多联灭活疫苗进行免疫接种预防。通过淘汰病兔和免疫接种，逐步建立无本病的健康兔场。

②治疗：对病兔可选用下列药物进行肌内注射有一定效果，如硫酸卡那霉素（每千克体重 10—30 毫克）、硫酸庆大霉素（每千克体重 1 万单位）、硫酸链霉素（每千克体重 0.5 万—1 万单位）等。对于肺脏发生脓肿的病例，治疗效果比较差，建议淘汰处理。

（三）兔肺炎克雷伯菌病

本病是由克雷伯菌引起兔出现肺炎症状的一种呼吸道传染病。

病原

克雷伯菌属于伯氏菌科伯氏菌属，球杆状，大小为（0.5—0.8）微米 ×（1—2）微米，两端圆突或略尖，两侧平直，常两端相接成对或单独存在。需氧兼性厌氧，在菌株周围具荚膜，不运动，革兰阴性。能在 15—40℃温度内生长，在含糖培养基上形成浓厚、灰白色、黏稠的菌落。本菌抵抗力不强，一般消毒剂均可将其杀灭。

流行特点

本病对各种品种和各年龄的兔均易感，但以断奶前后的仔兔和怀孕母兔的发

病率较高。多为散发，但也有时候呈地方流行性。

临床症状

成年兔主要表现食欲减少、渐进性消瘦、精神委顿、呼吸急促、打喷嚏、鼻流脓性分泌物（图3-26）等症状，怀孕母兔易发生流产现象。零星发病，死亡少。在幼兔主要表现为严重腹泻，死亡率高。

图 3-26 鼻流脓性分泌物

病理变化

成年兔主要病理变化是气管出血，严重时可见到肺脏呈大理石样病变（图3-27）或不同程度的肉样病变（图3-28、图3-29）。有时在肝脏可见到白色坏死灶（图3-30）。幼兔主要病理变化是肠道黏膜充血和出血，肠内含大量黏稠内容物。

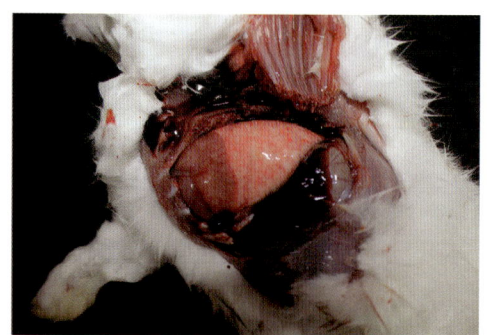

图 3-27 肺脏呈大理石样

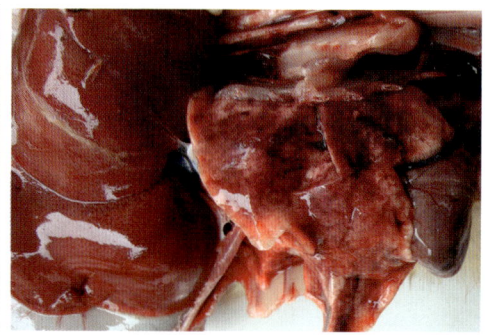

图 3-28 肺脏轻度肉样病变

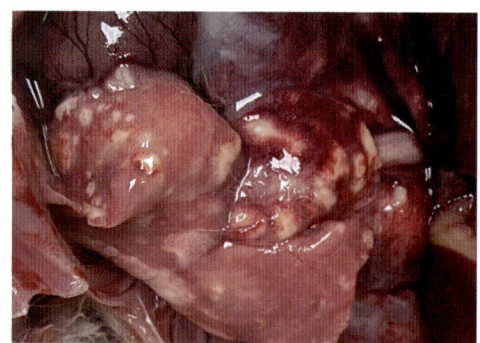

图 3-29 肺脏严重肉样病变

图 3-30 肝脏上白色坏死灶

诊断

根据流行特点、临床症状及病理变化可作出初步诊断。确诊需取肝脏、肺脏等病变组织进行细菌分离和鉴定。由于本病是一种条件病，多数兔场有本病的隐性感染。

防治

①预防：本病的预防关键是做好饲养管理工作，尽量减少各种不良应激因素。

②治疗：临床上可选用硫酸庆大霉素、硫酸卡那霉素、氟苯尼考和硫酸链霉素等药物进行肌内注射，有一定效果。

（四）兔肺炎双球菌病

本病是由肺炎双球菌引起肺炎的一种兔呼吸道传染病。

病原

肺炎双球菌属于链球菌属，又称肺炎链球菌或肺炎球菌。菌体呈卵圆形，多为双球状排列，革兰阳性，直径 0.5—1.25 微米，在组织涂片染色时可见明显的荚膜。在普通培养基中生长不良，在血液培养基中生长良好，并形成 α 型溶血，但在厌氧条件下产生 β 型溶血。本菌的抵抗力不强，一般消毒药均能将它杀死。

流行特点

不同品种和不同年龄兔对本菌均有易感，其中以幼兔和妊娠母兔的发病率较高。幼兔常表现地方流行性，而成兔多为散发。肺炎双球菌是兔呼吸道的常见菌，本病的发生与气候转变（如春夏或秋冬之交）、长途运输、饲养密度大等应激因素均有关系。

临床症状

病兔发病时可见体温升高、精神委顿、鼻流黏性或脓性分泌物，并有咳嗽、呼吸困难等呼吸道症状。幼兔发病时很急，多呈败血症症状而死亡；怀孕母兔可出现流产或产弱仔现象。有的病兔还会并发中耳炎或脑神经症状。

病理变化

气管和支气管出现充血出血，肺部可见不同程度的充血、出血病变（图3-31、图3-32），严重时肺脏表面有纤维性物质渗出，肺脏内部出现实变或脓肿。部分病例可见到胸膜炎和心包炎。

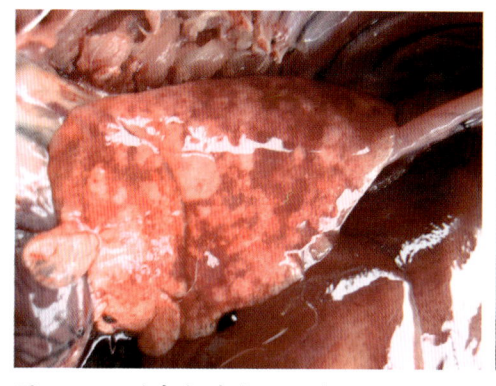

图 3-31　肺部轻度充血、出血　　　图 3-32　肺部严重充血

诊断

根据流行特点、临床症状、病理变化可作出初步诊断。在临床上本病还要注意与兔支气管败血波氏杆菌病、巴氏杆菌病、肺炎克雷伯菌病及链球菌病等进行鉴别诊断。确诊需取肺脏病变组织进行细菌的分离、培养鉴定。

防治

①预防：加强兔场的饲养管理，在天气转变时保持兔舍温度的相对稳定，尽量减少各种不良应激。必要时可使用磺胺类药物预防。

②治疗：对个别发病的病兔可肌内注射青霉素钠和硫酸链霉素，同时可使用磺胺二甲基嘧啶进行拌料口服，连用 3—4 天。此外，使用硫酸庆大霉素、氟苯尼考等药物，也有一定效果。

（五）兔鼻炎

兔鼻炎是指由多种原因导致的以打喷嚏、鼻流分泌物为主要症状的一种兔常见呼吸道病症。

病因

本病是由多种病因引起的，主要有多杀性巴氏杆菌、支气管败血波氏杆菌、沙门菌感染，以及多种环境应激因素（如气温转变、长途运输、风吹雨淋等）。

临床症状

病兔经常打喷嚏，鼻孔常流出浆液性或黏液性分泌物（图 3-33、图 3-34），有时这些分泌物粘结鼻孔周围的被毛或阻塞在鼻孔之外，在天气转变或舍内空气

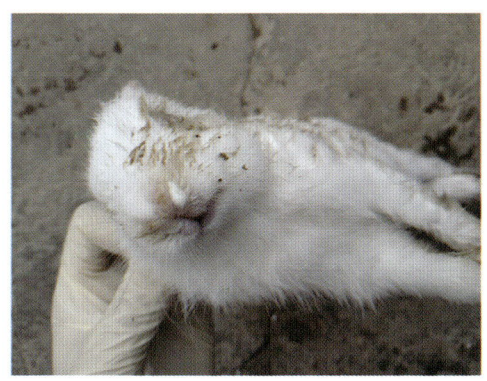

图 3-33　鼻流浆液性分泌物

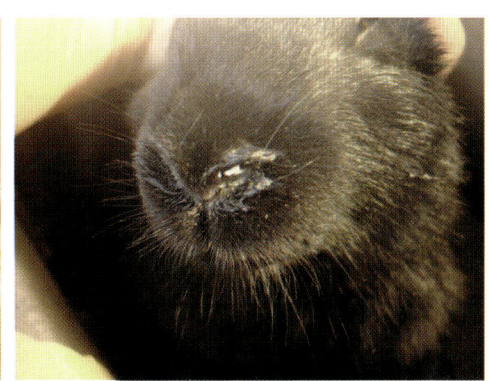

图 3-34　鼻流黏液性分泌物

不好时表现更明显。病程较长。病兔逐渐消瘦，严重时可继发肺炎而死亡。

病理变化

鼻黏膜充血，上呼吸道内含有多量的浆液性或黏液性分泌物。有时表现支气管充血、出血和肺脏充血、出血病变。

诊断

根据临床症状和病理变化可作出初步诊断，至于是哪一种病因有待对呼吸道和肺脏进行细菌培养和分离鉴定。

防治

①预防：平时加强饲养管理，特别要做好兔舍内的通风工作。同时，还要做好与鼻炎症状有关的几种传染病疫苗（如兔多杀性巴氏杆菌病灭活疫苗、支气管败血波氏杆菌病灭活疫苗等）免疫。对常发鼻炎症状的兔场可定期使用磺胺类药物进行预防。

②治疗：对个别鼻炎病例可采取局部处理，即用硫酸卡那霉素或硫酸庆大霉素蘸棉球洗鼻，每天1次，连用5—6天；同时，肌内注射青霉素钠、硫酸链霉素。若兔群发病数量较多，可口服磺胺类药物进行拌料治疗。

（六）兔感冒

兔感冒是指出现发热和呼吸道症状的一种兔急性呼吸道疾病。

病因

由于天气突然降温、早晚温差过大、兔舍遮蔽不严而遭到风吹雨淋，饲养环境通风不良，长途运输等因素使兔体抵抗力下降，诱发感冒。本病是一种兔场常见病和多发病。

临床症状

病兔表现体温升高、精神沉郁、食欲减少、羞明流泪、眼结膜潮红（图3-35），并有不同程度的打喷嚏和鼻流脓性分泌物症状（图3-36、图3-37）。若治疗不及时，可继发支气管肺炎，使病情复杂化，并出现鼻流脓涕等症状。

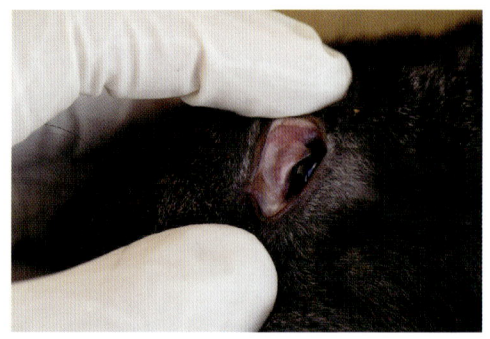

图 3-35　眼结膜潮红

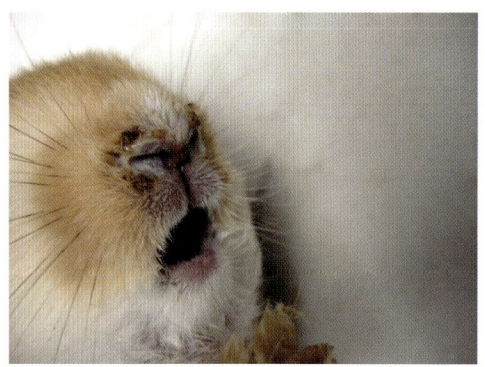

图 3-36　打喷嚏

图 3-37　鼻流脓性分泌物

病理变化

感冒的病理变化主要集中在上呼吸道出现不同程度的炎症和渗出。严重时可见支气管充血、出血及肺脏有不同程度充血、出血病变（图3-38、图3-39）。

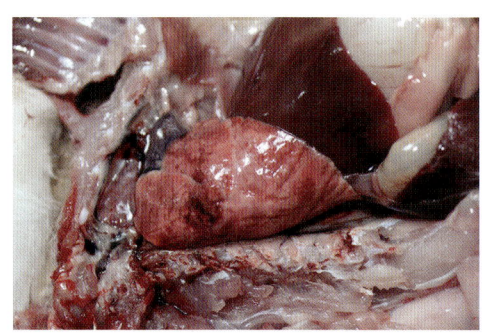

图 3-38　肺脏轻度充血、出血

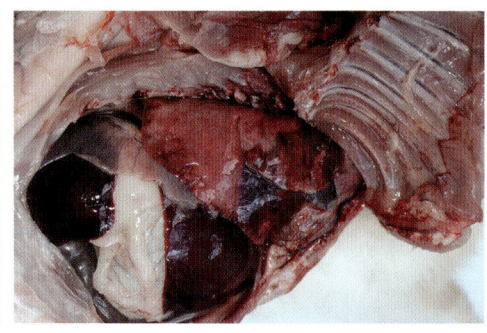

图 3-39　肺脏严重充血、出血

其他内脏无明显病变。

诊断

根据天气突然改变等病因及相应的临床症状、病理变化可作出初步诊断。在临床上要注意与兔巴氏杆菌病、支气管败血波氏杆菌病及肺炎克雷伯菌病等区别诊断。

防治

①预防：平时加强饲养管理，在天气转变时加强防寒保暖工作，兔舍也应保持清洁卫生和通风良好。需异地运输时，做好抗应激和保温工作，防止中途因吹风而感冒。

②治疗：对病兔可肌内注射硫酸庆大霉素（按千克体重1万—2万单位），配合安乃近注射液（0.5—1.0毫升），每天1—2次，连用3天。此外，也可用青霉素钠（每千克体重2万—4万单位），配合安痛定注射0.5—1.0毫升进行肌内注射，每天1—2次，连用3天。如果发病的数量比较多，可以考虑全群拌料口服复方磺胺甲噁唑或土霉素。

四、兔皮肤性疾病诊治

兔皮肤性疾病在兔场也是常见病和多发病。导致兔出现皮肤病变的疾病有多种，有病毒性的疾病（如兔痘、兔黏液瘤病）、细菌性疾病（如兔葡萄球菌病、绿脓杆菌病、坏死杆菌病等）、寄生虫性疾病（如兔疥癣、兔蚤）及其他疾病（如兔毛癣、异食癣）等。

（一）兔痘

兔痘是由兔痘病毒引起的一种兔接触性传染病。本病具有高度接触传染性，以皮肤出现红斑样疹为特征，对幼兔和孕兔危害大。

病原

兔痘病毒属于痘病毒科正痘病毒属，病毒颗粒为砖状，直径约250纳米，基因组为双股DNA。痘病毒在胞浆复制，对乙醚有抵抗性，可被氯仿灭活，对热有一定抵抗力，一般消毒药均可将其杀灭。

流行特点

本病只发生在兔。不同日龄兔均可发生，其中以4—12周龄的幼兔和妊娠母兔的发病率、死亡率较高。本病可通过消化道、呼吸道、皮肤接触及交配等途径传播。传播速度很快。

临床症状

根据症状表现，可分为最急性型、痘疱型和非痘疱型等几个类型。

①最急性型：无明显临床症状就死亡，有时可见发热不吃、眼睑发炎，无皮肤痘疹。

②痘疱型：体温升高，少食，流鼻涕，淋巴结（特别是腘淋巴结和腹股沟淋巴结）肿大变硬。随后皮肤出现痘疹，先出现红斑后出现丘疹，最终导致皮肤变干结痂。痘疹分布于全身皮肤（图4-1），包括耳、唇、眼睑、背部、肛门、外生殖器等。兔出现明显的结膜炎或化脓性眼炎。口腔黏膜出现红斑性丘疹，并继

发出现口腔齿龈炎症（图 4-2）和头部水肿。个别病例会出现神经系统障碍，有的还会出现腹泻和流产现象。

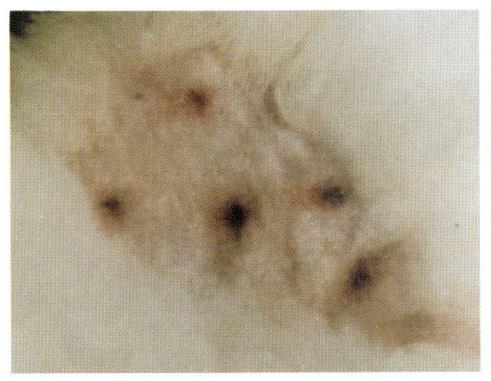

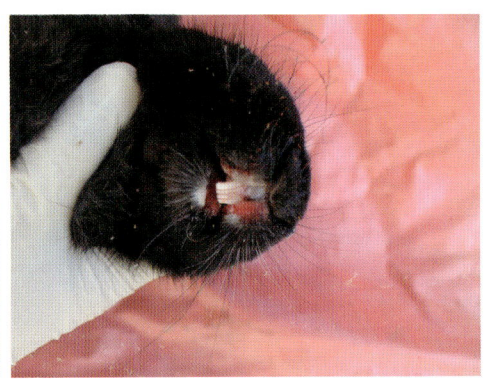

图 4-1　皮肤上痘疹（引自任克良）　　　图 4-2　口腔齿龈炎症

　　③非痘疱型：体温升高，食饮废绝，有时有结膜炎和下痢表现，有时口腔有少量疱疹，但在皮肤不出现痘疹。

　　病理变化

　　全身皮肤、口腔出现疱疹及在天然孔出现水肿是本病主要病理变化。此外，肺脏也有灰白色坏死结节。肝脏肿大明显，也有坏死灶。睾丸水肿，子宫也常有坏死灶和脓肿。在腹膜及腹网膜上也可见到灶状病变。

　　诊断

　　根据流行特点、临床症状及病理变化可作出初步诊断。若要确诊，需进行病毒分离或 PCR 诊断。

　　预防

　　平时要加强卫生防疫工作，严禁到疫区引种兔，发现病兔要及时地隔离处理。对受威胁的兔场可试用牛痘疫苗紧急预防接种，有一定效果。本病目前无有效的药物防治方法，发病时除了做好消毒隔离等一般性措施外，对症治疗及抗病毒治疗也有一定的辅助治疗作用。

（二）兔葡萄球菌病

　　本病是由金色葡萄球菌引起的一种兔常见传染病。本病在成年兔可导致全身

各器官组织化脓性炎症（即脓毒败血症），有的导致兔脚发炎化脓的化脓性脚皮炎（即脚板疮），有的导致母兔发生乳房炎或外生殖器官炎症，在幼兔可导致急性肠炎（又称黄尿病）。

病原

金黄色葡萄球菌属于葡萄球菌属，革兰阳性，呈圆形或卵圆形，多为葡萄状排列（图4-3），不形成芽胞，无鞭毛，不运动。在普通培养基上即可生长，在血液培养基上产生溶血现象（图4-4）。本菌对外界的抵抗力强，在干燥环境中能存活几个星期，对一般消毒药也有一定抵抗力。

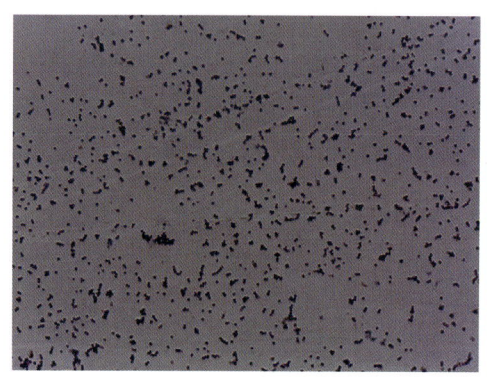

图4-3　葡萄球菌形态

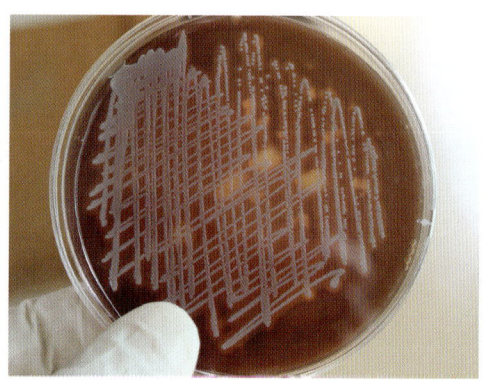

图4-4　血液培养基上葡萄球菌菌落产生溶血现象

流行特点

由于葡萄球菌在自然界分布很广，所以几乎所有兔场都有本病的存在。不同日龄兔对本病均易感，但临床表现差异较大。本病可通过破损的皮肤、黏膜感染发病，也可通过呼吸道和消化道感染发病。笼具不光滑、卫生条件差的兔场易发本病。

临床症状

本病在临床上有多种表现类型。

①脓毒败血症：病兔发生本病后在头、胸前、颌下、背、腹下、脐部、脚、腿等部位的皮下或肌肉形成一个或多个脓疱（图4-5至图4-11），这些脓

图4-5　在头部皮下形成脓疱

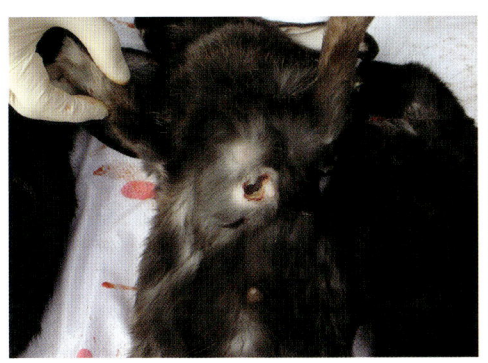

图 4-6　在胸前皮肤形成脓疱

图 4-7　在颈部皮肤形成脓疱

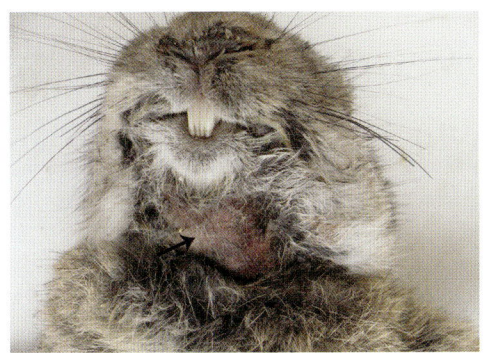

图 4-8　在颌下皮肤形成脓疱

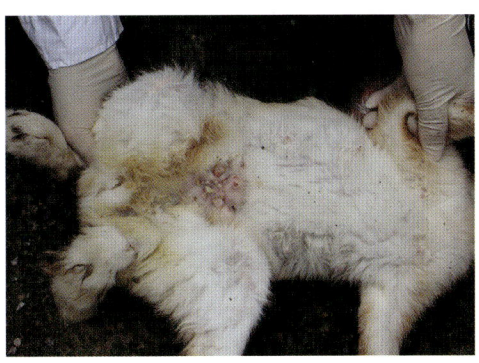

图 4-9　在腹下皮肤形成脓疱

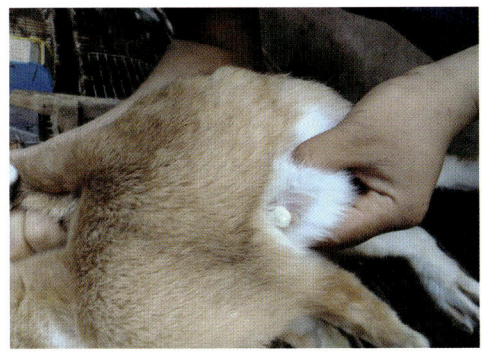

图 4-10　在脐部皮肤形成脓疱

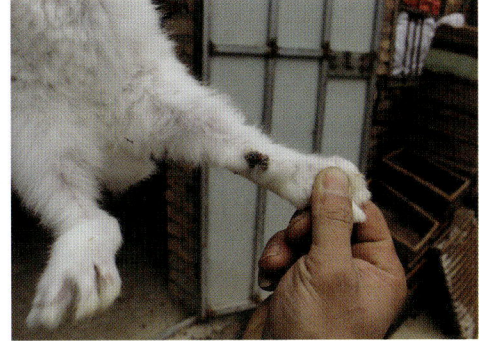

图 4-11　在脚部皮肤形成脓疱

疱大小不一（由豌豆大小到鸡蛋大小）。1—2 个月后，这些脓肿中有些会破溃，伤口经久不愈。有些病兔在身体其他部位还会陆续长出脓疱。

②化脓性脚皮炎：又称脚板疮，多数发生于后肢的脚掌心。开始时，病兔脚

皮红肿、局部脱毛，继而出现脓肿，随着病情发展，可见脓肿破溃，病兔还会用自己的舌头或嘴巴舔咬局部，造成出血或咬断（图4-12、图4-13），严重时可导致败血症而死亡。

图4-12　患部被咬出血

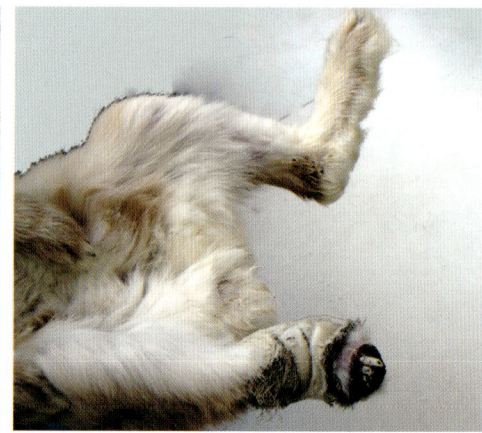
图4-13　患部被咬断

③母兔乳房炎：病兔体温升高，食欲减少，乳房皮肤红肿热痛，严重时可波及所有乳房和四肢皮肤。若不及时治疗，2—3天后会导致全身败血症而死亡。

④仔兔黄尿病：仔兔吃了患金色葡萄球菌乳房炎的乳汁而感染发病。主要表现仔兔排黄色尿液（图4-14）；发生急性肠炎，仔兔腹泻、肛门四周和后肢被毛潮湿，并带腥臭味，最后死亡（图4-15）。严重时出现停止吮乳，昏睡，全身发软和衰竭死亡，病程持续2—3天，死亡率很高。

图4-14　仔兔排黄色尿液

图4-15　仔兔腹泻而死亡

病理变化

①脓毒败血症：在兔颌下、腹下等皮肤的皮下、肌肉，以及肺脏、肝脏、胸腔、腹腔等多处内脏器官出现脓肿，切开脓肿流出乳油状的脓汁（图4-16至图4-22）。

②化脓性脚皮炎：患肢局部皮肤出现红肿，继而化脓（图4-23）。

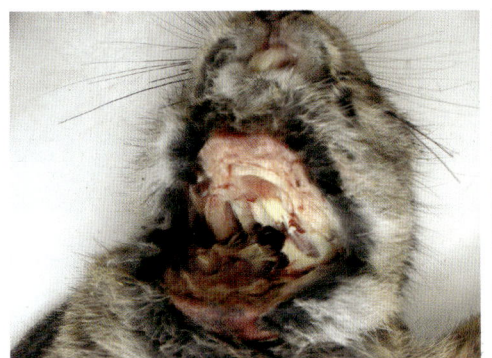

图 4-16　颌下脓肿呈乳油状

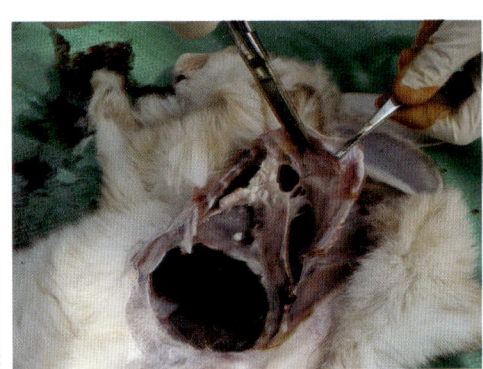

图 4-17　肺脏脓肿

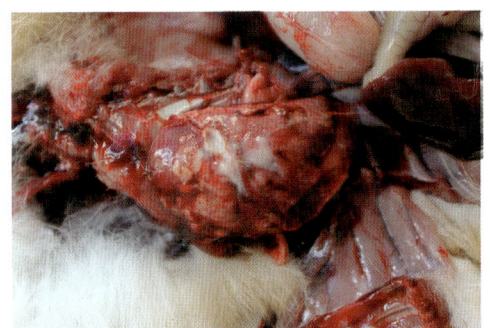

图 4-18　肺脏表面化脓

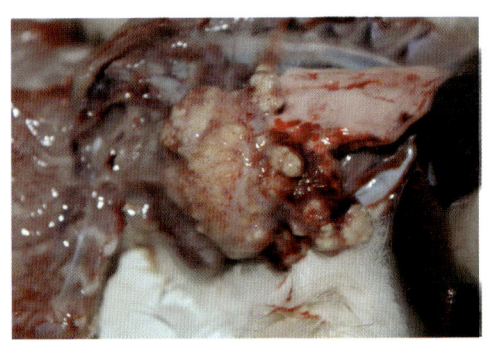

图 4-19　胸腔脓肿

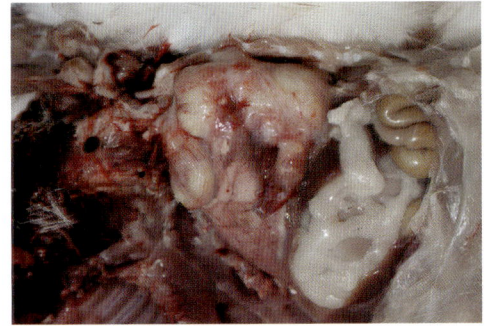

图 4-20　腹腔脓肿

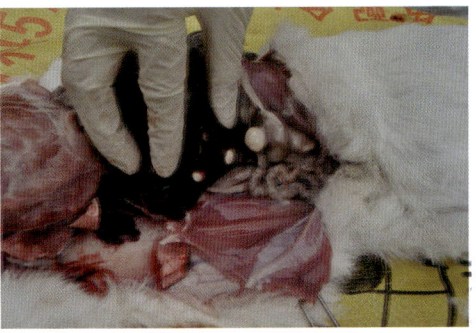

图 4-21　肝脏脓肿

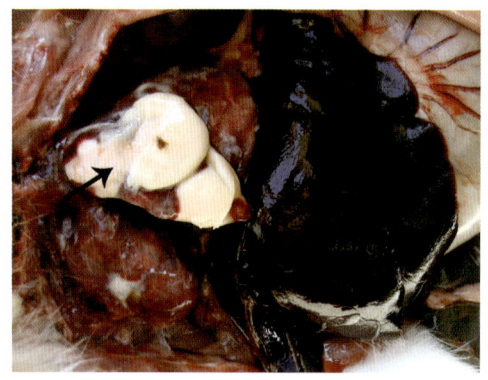

图 4-22 肺脏脓肿呈乳油状

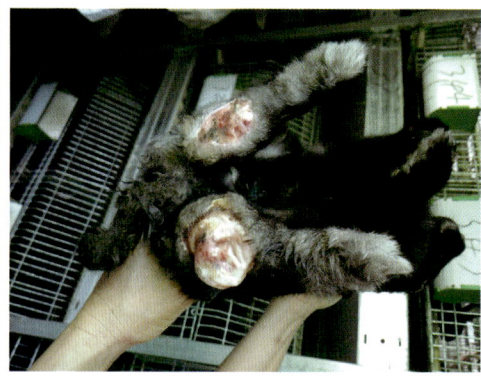

图 4-23 脚关节皮下化脓

③母兔乳房炎：母兔的乳房发炎，出现红肿硬块，严重时可导致乳房化脓（图4-24）。

④仔兔黄尿病：仔兔肠黏膜充血出血、肠炎病变明显，同时仔兔的膀胱不同程度臌胀，内充满黄色尿液（图4-25、图4-26）。

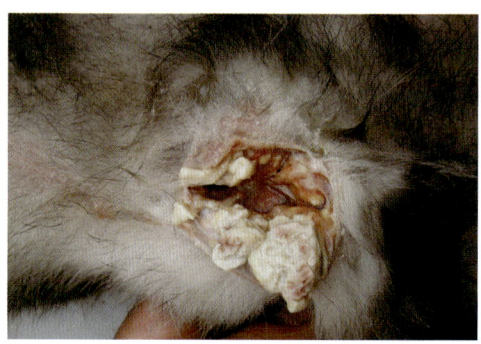

图 4-24 乳房化脓

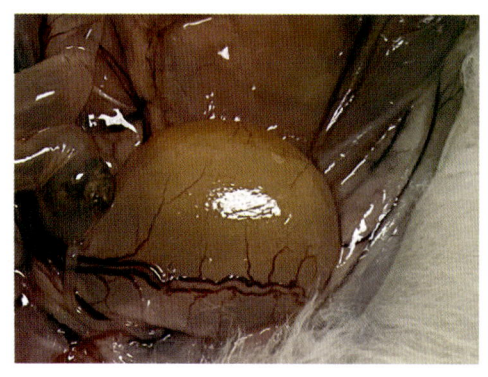

图 4-25 膀胱积黄尿

图 4-26 膀胱胀满黄尿

诊断

根据临床症状和病理变化可作出初步诊断。要确诊需取病理变化组织进行葡萄球菌的分离鉴定。

防治

①预防：本病多因卫生不良或机械损伤感染引起的。在平时饲养管理过程中，须做好兔舍内外环境卫生，尽量避免皮肤受到锋利的异物刺伤，也要防止兔之间因互相咬斗而造成皮肤损伤。此外，母兔产仔后可喂些复方磺胺甲噁唑片，以防止母兔的乳房炎。

②治疗：本病的治疗包括肌内注射青霉素钠、氨苄西林钠、硫酸庆大霉素等药物；口服磺胺类药物或硫酸庆大霉素，对轻度黄尿病的仔兔可直接口服硫酸庆大霉素，每天 3—4 次，有一定效果；局部进行处理，对脓肿灶要切开排脓，并用过氧化氢溶液冲洗，最后涂上青霉素钠软膏或硫酸庆大霉素等抗生素，症状较轻时也可涂上 5% 甲紫溶液。疗程需持续 5—7 天，有一定效果。但是对严重的仔兔黄尿病治疗效果比较差。

（三）兔绿脓杆菌病

本病是由绿脓假单胞菌引起的一种兔散发性传染病。

病原

绿脓假单胞菌又称绿脓杆菌，属于假单胞菌科假单胞菌属，革兰阴性，大小为（1.5—3.0）微米 ×（0.5—0.8）微米，不形成芽胞，菌体一端有 1—3 根鞭毛，能活泼运动。在普通培养基上生长良好，形成表面光滑、湿润、带毛缘的扩散菌落。在有氧条件下，本菌能产生亮绿色的色素，并具有特殊的芳香气味。本菌能产生卵磷脂酶和蛋白酶，可导致皮肤出现水肿、出血、坏死病变。本病对外界环境抵抗力较强。

流行特点

病原菌可感染牛、羊、猪、马、犬、兔等多种哺乳动物，不同日龄兔均可感染。可通过消化道、呼吸道及伤口感染，有时不合理使用药物也可诱发本病。

临床症状

急性病例可见病兔精神沉郁、食欲废绝、呼吸困难、体温升高，有时仍可见到下痢症状（排出褐色稀粪）（图 4-27），病程短，如治疗不及时可在 1—2 天内死亡。慢性病例，病程可持续 1 周以上。

图 4-27 排出褐色稀粪

病理变化

全身皮下可见广泛性淤血和水肿，个别在皮下有脓疱。胸腔和腹腔内存在透明的或粉红色的积液（图4-28），胃和小肠内充满血样内容物，脾脏肿大、表面出血，肝脏表面有出血点和黄白色化脓灶（图4-29）、质地变脆，肺脏会出现出血、实变及化脓灶，肾脏肿大、淤血病变。

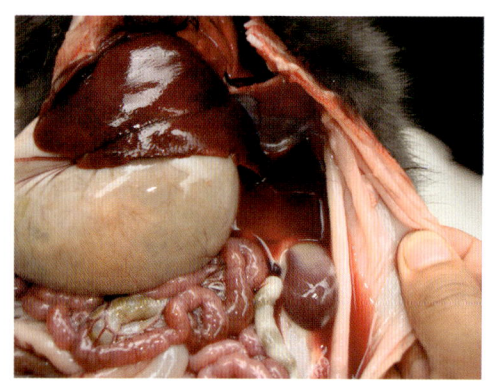

图 4-28 胸腹腔内粉红色积液

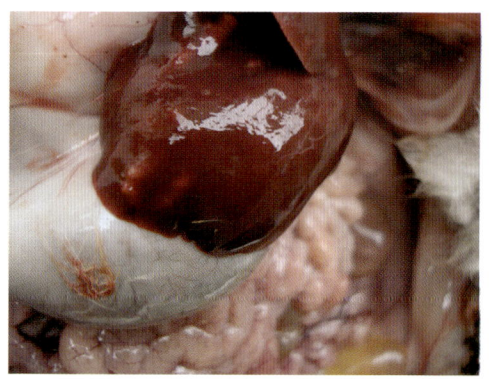

图 4-29 肝脏上黄白色化脓灶

诊断

在临床诊断的基础上，可取病料进行细菌分离，根据菌落的特征和细菌生化试验作出诊断。

防治

①预防：本病是兔场的常见病和多发病。在自然界里广泛存在绿脓杆菌，所以平时在兔舍内要做好清洁卫生，加强消毒对预防本病有重要作用。

②治疗：对个别病兔可选用青霉素钠、氨苄西林钠或头孢类抗生素进行肌内注射治疗，肌内注射硫酸卡那霉素、硫酸庆大霉素也有一定效果。同时，可在饲料中添加土霉素、盐酸金霉素等进行全群拌料口服治疗。

（四）兔坏死杆菌病

本病是由坏死杆菌引起的以皮肤和皮下组织坏死为特征的一种兔散发性传染病。

病原

坏死杆菌又称坏死梭杆菌，属于梭杆菌属。革兰阴性，无芽胞，无鞭毛，无荚膜。多种形态，大的或从病灶新分离的呈长丝状，大小为（0.5—1.5）微米 ×（0.5—200）微米。本菌为专性厌氧，在血琼脂上培养48—72小时后可形成圆形的菌落，有溶血现象。本菌对外界环境抵抗力不强，一般消毒药均可在短时间内将其杀死。

流行特点

本病是一种多种家畜和野生动物共患传染病。在兔群中一般为散发。坏死杆菌主要通过损伤的皮肤、黏膜进入兔体内而感染发病。

临床症状

由于感染部位的不同，其症状也有所不同。若口腔黏膜破损而感染本病，那么病兔会流涎、口腔黏膜和齿龈红肿，最终口腔黏膜坏死，散发恶臭。若皮肤破损而感染，那么在感染局部会形成脓肿（图4-30）或溃烂（图4-31），严重时可形成全身感染或败血症，有时皮肤会逐渐变干形成结痂（图4-32）。乳兔也可由于脐带感染病原菌而出现坏死性脐炎。

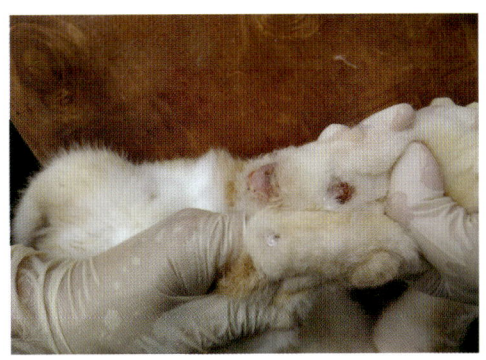

图4-30　皮肤脓肿

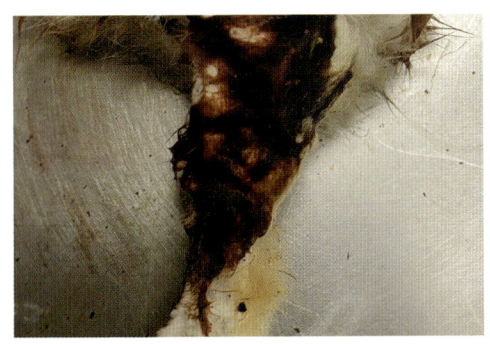

图4-31　皮肤溃烂

图4-32　局部变干，形成结痂

病理变化

口腔黏膜或皮肤可出现坏死、溃疡或化脓病变，淋巴结肿大坏死。严重病例在内脏器官如肝脏、脾脏、肺脏等，也可形成坏死灶。

诊断

根据流行特点、临床症状及病理变化可作出初步诊断。确诊须对病变组织（取病变组织和正常组织交界处病料）进行细菌培养和鉴定。

防治

①预防：平时加强饲养管理，避免坚硬、尖锐的饲草刺伤兔的口腔黏膜，也要防止尖锐的异物刺伤兔皮肤，尽量防止兔之间打斗咬伤皮肤。若皮肤和黏膜损伤，要及时用硫酸庆大霉素或甲紫等进行消炎和消毒处理。

②治疗：本病的治疗包括局部处理和全身肌内注射治疗两个方面。局部处理可用过氧化氢溶液或过硫酸氢钾消毒剂进行清理创面，而后再用抗生素软膏（如土霉素软膏或青霉素钠软膏等）进行局部治疗，每天1次，连用3—5天。若在炎症初期还可用5%鱼石脂软膏进行涂擦。全身治疗包括用青霉素钠和硫酸链霉素联合肌内注射，或用硫酸庆大霉素进行肌内注射，每天1针，连续注射2—3天。

（五）兔疥癣

本病是由兔痒螨和兔疥螨寄生于兔体表引起的一种常见寄生虫皮肤病，又称兔疥螨病。

病原

兔痒螨属于痒螨科痒螨属。虫体呈长圆形，口器呈长圆锥形，螯肢细长，体表有细皱皮，肛门在躯体末端，足较长。雄螨大小为（0.52—0.59）毫米×（0.33—0.41）毫米，前3对足有吸盘，第4对足很短，没有吸盘，有刚毛，体末端有两个大结节及数根长毛，腹面有两个性吸盘。雌螨大小为（0.58—0.82）毫米×（0.41—0.51）毫米，第1、2、4对足都有吸盘，第3对足上各有两根刚毛，腹面前部有一个生殖孔，后端有纵裂的阴门，阴门北侧为肛门（图4-33）。寄生于兔体表和外耳道。

兔疥螨属于疥螨属。虫体呈龟形，背部隆起，腹面扁平，浅黄色。雌螨大小为（0.25—0.51）毫米×（0.24—0.39）毫米，雄螨大小为（0.19—0.25）毫米×

（0.14—0.29）毫米。虫体背部有细横纹、锥突、鳞片及刚毛，腹面有 4 对粗短的足（图 4-34）。雄螨第 1、2、4 对足末端有吸盘，第 3 对足末端有 1 根刚毛（图 4-35）。雌螨第 1、2 对足末端有吸盘，其他足末端有 1 根刚毛。虫卵为卵圆形、黄色，长度约为 150 微米（图 4-36）。虫体寄生于兔鼻、脚等皮肤上。

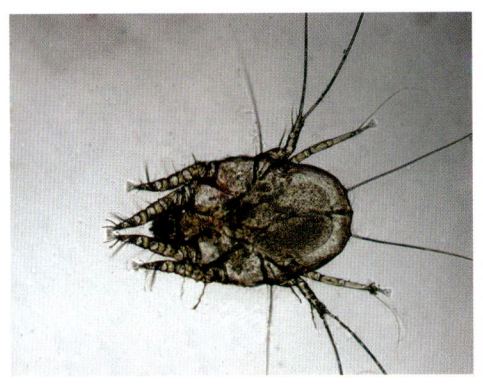

图 4-33　雌痒螨形态

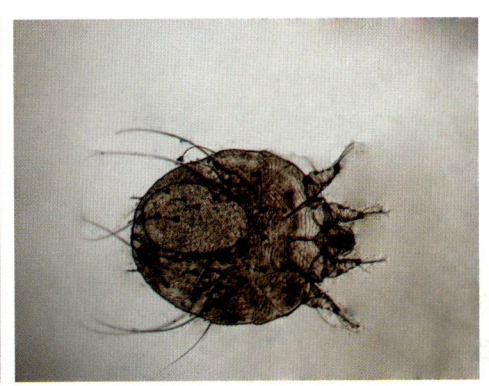

图 4-34　雌疥螨形态

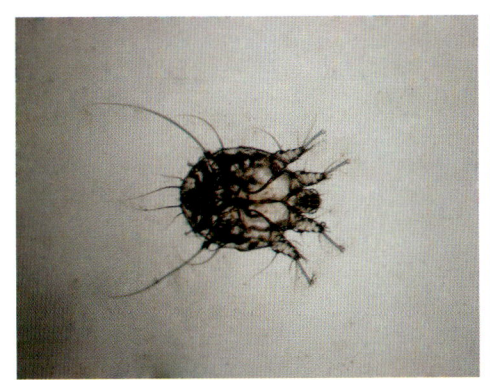

图 4-35　雄疥螨形态

图 4-36　兔疥螨虫卵形态

流行特点

不同日龄兔均可感染。目前多数兔场均有病原的感染。环境潮湿、卫生条件差的兔舍更易感染病原。兔场一旦感染病源，就容易形成疫源地，不易根除。本病的传播主要通过接触传播，也可能通过兔笼、饲槽、工具、垫料等间接传播。

临床症状

在临床上常见两种类型，即兔痒螨和兔疥螨。

①兔痒螨：主要表现为病兔耳朵下垂，不断摇头和用脚搔抓耳朵，外耳道出现炎症和分泌物渗出，时间久后可形成黄色痂皮塞满外耳道（图4-37）。严重病例可出现脑神经症状。

②兔疥螨：在病兔的嘴巴、眼睛、鼻孔周围及耳朵、脚爪部等部位皮肤出现不同程度灰白色结痂（图4-38至图4-42），时间久后可变硬形成"石灰头"或"石灰脚"（图4-43）或"石灰耳"（图4-44）。患部局部奇痒，病兔采食运动受到影响，经常可见病兔不停地用脚爪搔抓脸部或用嘴巴啃咬脚患部，导致局部炎症出血（图4-45）及脱

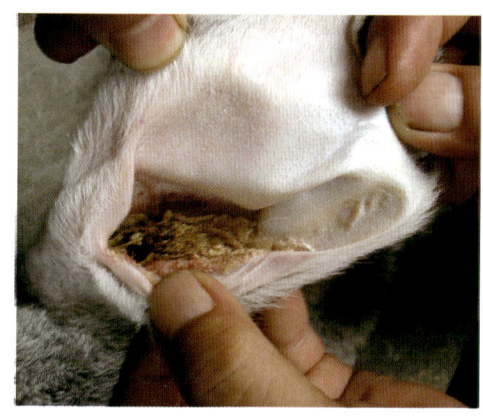

图4-37 耳道内有黄色阻塞物

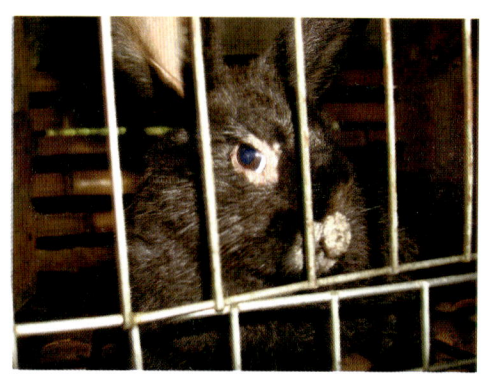

图4-38 嘴巴和眼睛周围皮肤白色结痂

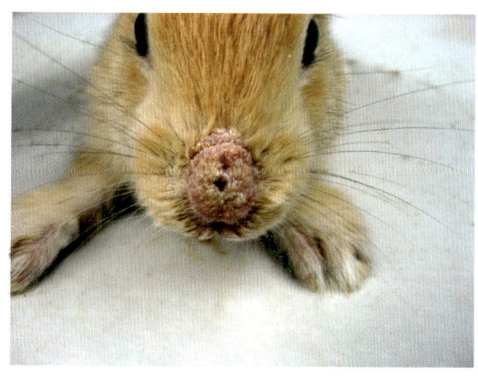

图4-39 鼻孔周围皮肤结痂

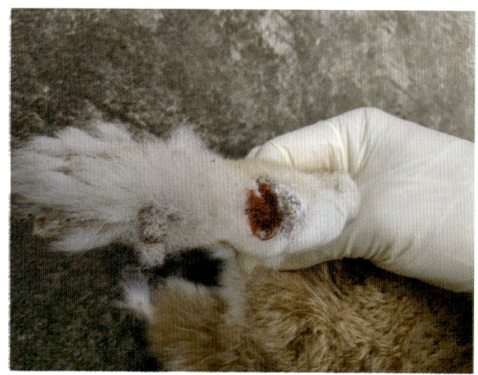

图4-40 脚部皮肤结痂

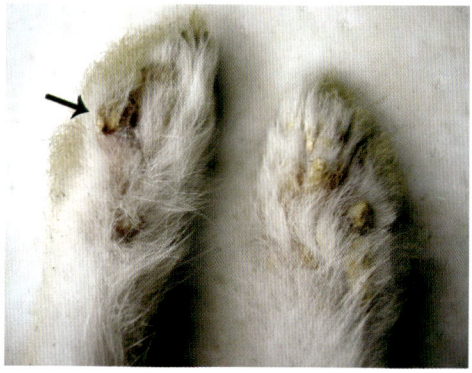

图4-41 脚趾皮肤结痂

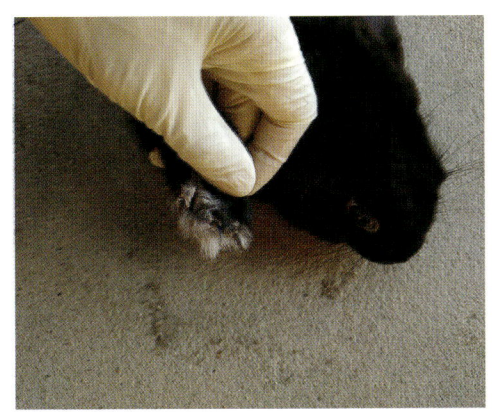

图 4-42 趾端皮肤结痂

图 4-43 疥螨导致的"石灰脚"

图 4-44 疥螨导致的"石灰耳"

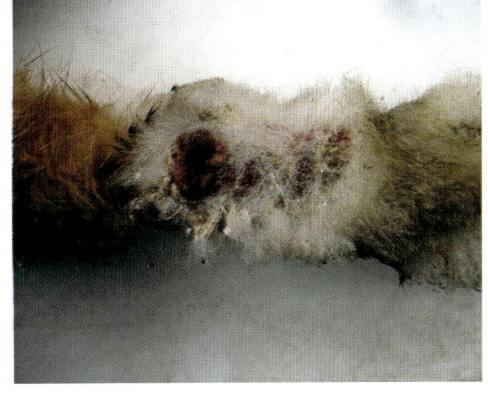

图 4-45 局部皮肤炎症出血

毛（图 4-46）。病兔消瘦，最终会由
于衰竭而死亡。

病理变化

兔痒螨主要病理变化为病兔出现
中耳炎或脑炎病变，内脏器官无明显
的病变。兔疥螨患病局部出现炎症反
应，病程长的病例可见炎症渗出物干
涸后形成厚厚的痂皮（"石灰头"和
"石灰脚"）。

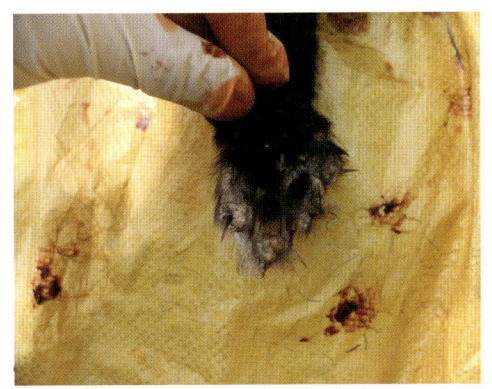

图 4-46 局部皮肤脱毛

诊断

根据临床症状和病理变化可作出初步诊断。要确诊可刮取健康部位与病变部位交界处的皮肤进行螨虫的直接镜检（要刮到出血露为止），也可将刮取物加10%氢氧化钠溶液后再镜检，检出兔痒螨、疥螨的虫体及虫卵可确诊。

防治

①预防：在引种时要把好关，严禁引进带虫或患病的种兔。平时要做好兔舍、兔笼、用具及场地的卫生消洁和消毒工作（有条件的要进行火焰喷灯消毒）。定期用广谱驱虫药（如阿维菌素或伊维菌素）进行拌料预防。一旦发现本病，要及时地采取隔离饲养和治疗措施。

②治疗：治疗兔疥癣的药物也很多，其中首选的药物为阿维菌素或伊维菌素（按每千克体重0.2—0.4毫克，口服或肌内注射），此外还可以使用双甲脒、敌百虫、溴氰菊酯等进行局部浸泡和外涂。在治疗过程中还需注意到如下几个方面的细节问题：第一，在使用药物外洗之前，要用温的肥皂水或煤酚皂溶液洗刷局部，充分清除局部的痂皮和污物，以使药物充分接触到患病皮肤。第二，由于本病是一种慢性病，治疗时每次需浸泡3—5分钟（只需患病局部浸泡，而不要将整只兔浸于药液中），每5—7天浸泡一次，持续3—4个疗程。为了避免兔口舔患部造成中毒现象，每次浸泡药物几分钟后要用清水冲洗一遍。第三，在治疗处理局部的同时，还要用杀螨虫药物（如敌百虫、溴氰菊酯等）彻底地消毒兔笼和场所，以免兔再次受到感染。

（六）兔蚤病

兔蚤病是由昆虫纲蚤目中多种蚤类寄生在兔体表上的一种体外寄生虫病。

病原

兔蚤常见的为猫栉首蚤。猫栉首蚤属于蚤科栉首蚤属，虫体呈棕黄色，有前胸栉和颊栉，雌虫头较长。颊栉有8个齿。后胸前侧板有1—2根毛，后腿胫节背缘下端只有末端1个凹陷并有一短鬃。雄虫抱器垂柄状突出为细棍形，自基部至末端等粗，抱器突起较短（图4-47）。

流行特点

猫栉首蚤可寄生在犬、猫、兔、鼠等动物的体表上。一年四季均可发生，其中

冬春季节较常见。与兔舍的卫生条件差，其他动物（猫、鼠）经常出没有关系。本虫的发育史具完全变态，即虫卵、幼虫、蛹、成虫四个阶段。除成虫外，其他 3 个阶段均在地面完成。

临床症状

寄生在兔皮肤上可导致兔表现瘙痒、贫血、消瘦等症状（图 4-48）。

病理变化

兔蚤病严重时可造成皮肤损伤，继发细菌感染。

诊断

在兔身上发现蚤类，要对其形态、结构进行鉴定，确定是哪一种蚤类。常见猫栉首蚤。

防治

①预防：平时加强饲养管理，保持兔舍清洁卫生和干燥，垫草要勤换，定期使用溴氰菊酯等药物进行喷洒。

图 4-47　猫栉首蚤形态

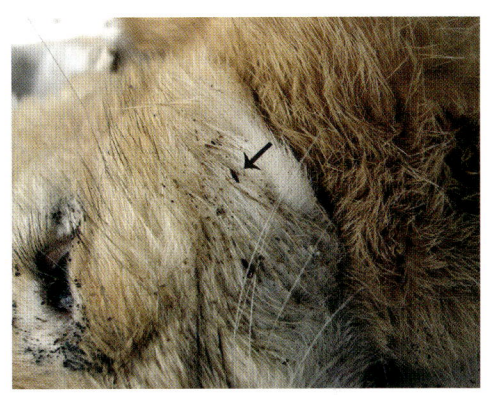

图 4-48　兔蚤寄生导致兔贫血消瘦

②治疗：本病的治疗也是使用 0.01% 溴氰菊酯进行喷洒，严重时可让全群兔口服伊维菌素（按每千克体重 0.2—0.4 毫克，连用 2—3 天）。

（七）兔毛癣

本病是由毛癣菌或小孢子菌引起的一种兔皮肤病。

病原

毛癣菌是丛梗孢科毛癣菌属中多种菌的总称，常见的是石膏样毛癣菌。石膏样毛癣菌的孢子呈串状沿毛干长轴有规则地平行排列于毛干周围，菌落呈白色。小分生孢子多为散在，呈半球状或棒状，大小为（2—3）微米 ×4 微米；大分生孢子呈棒状，大小为（4—8）微米 ×（8—50）微米。

小孢子菌是丛梗孢科小孢子属中多种菌的总称，常见的有石膏样小孢子菌、絮状表皮癣菌等。菌丝在毛根部长出后产生大量孢子，不规则地紧密排列于毛干周围，形成一个镶嵌状管外套。菌落呈绒毛状或石膏状。颜色为白色或乳白色等。大分生孢子呈纺锤状，小分生孢子多呈卵圆形或棒形（图4-49）。

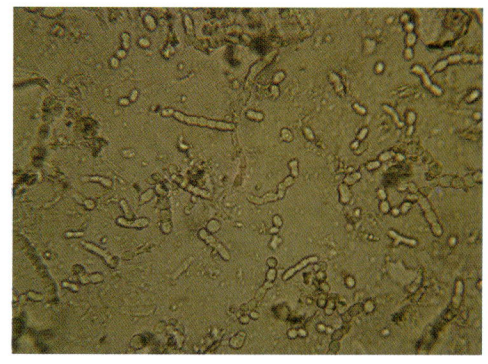

图4-49 小孢子菌形态

毛癣菌和小孢菌都可以通过沙堡劳培养基进行分离培养。

流行特点

本病可见于各种品种兔和各年龄兔，其中幼龄兔易发病。在温暖、潮湿和不干净的环境条件下更易发生。本病主要通过病兔的直接接触传播，有时也可通过人员、工具等间接传播。

临床症状

在临床上常见两种类型。

①以鼻、面部、眼部或耳部等皮肤为主，出现局部皮肤脱毛并形成痂皮（图4-50至图4-54），有时还会

图4-50 鼻部皮肤脱毛

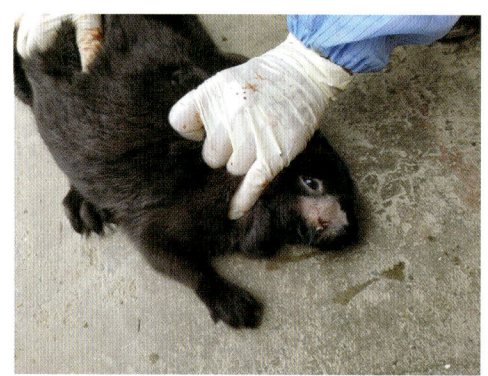

图4-51 面部皮肤脱毛

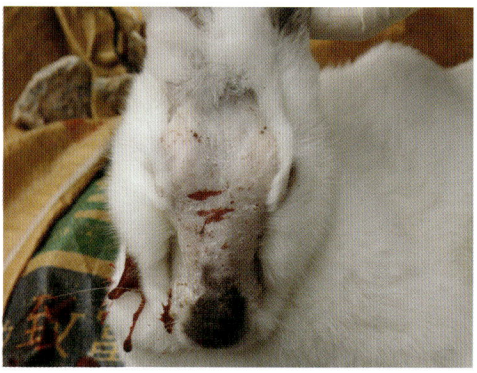

图4-52 头部皮肤脱毛

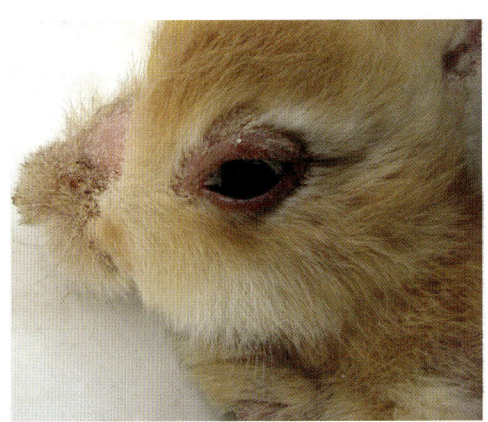

图 4-53　眼周围皮肤脱毛

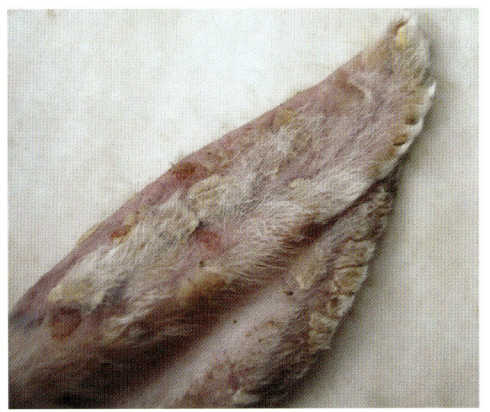

图 4-54　耳部皮肤脱毛

转移到身上其他部位。

　　②在皮肤上出现圆形或不规则的秃斑，并常覆盖一些鳞屑（图 4-55 至图 4-57）。有时可见病兔有瘙痒表现。

病理变化

　　病兔的患病皮肤有充血、炎症病变，严重时可见炎性渗出物，并形成黄色痂皮。其他内脏无明显病变。

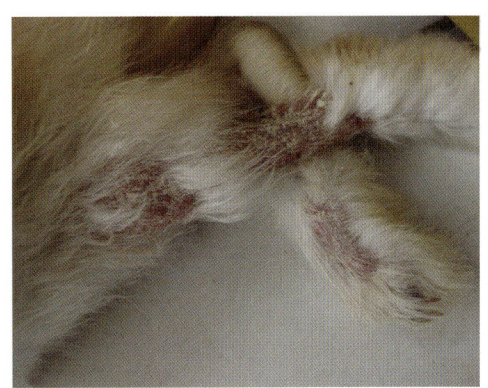

图 4-55　脚部皮肤秃斑

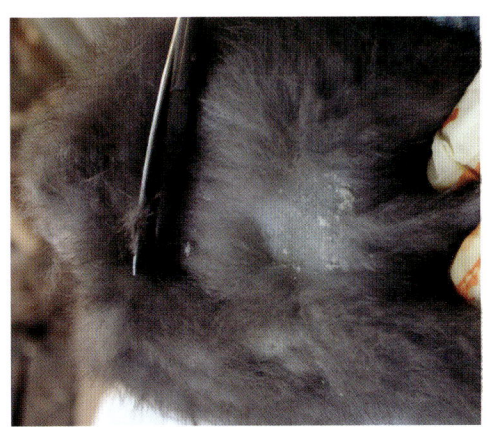

图 4-56　腹下皮肤秃斑

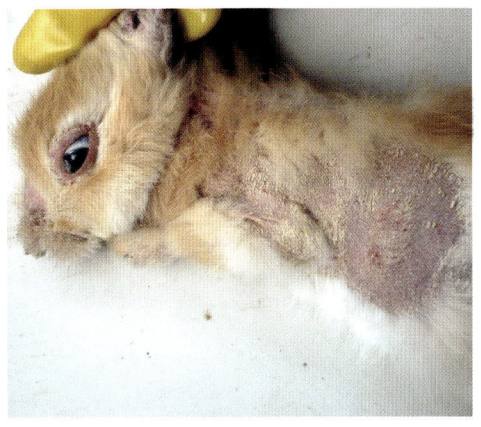

图 4-57　全身大部分皮肤出现秃斑

诊断

在临床上本病须与兔疥癣、单纯性脱毛症及皮肤湿疹等几种兔病进行鉴别诊断。可在病兔的病变组织与健康组织交界处用小刀刮取皮屑，置于载玻片上，并加1滴10%氢氧化钾溶液，盖上盖玻片进行镜检，见到霉菌的菌丝和孢子可确诊；若不明显，还可取病变组织进行霉菌培养鉴定。

防治

①预防：平时保持兔舍的干燥卫生，定期消毒。对病兔及时隔离或淘汰。

②治疗：包括局部处理和全身治疗。局部处理应先剪毛，并用过氧化氢溶液或过硫酸氢钾冲洗局部，将痂皮去掉后再涂以抗真菌药物（如2%咪康唑软膏、克霉唑软膏），每天1—2次，连用3—5天。全身处理可口服灰黄霉素（按每千克体重25—60毫克），每日1次，连用10—15天，有良好的效果。

（八）兔异食癖

兔异食癖是兔采食饲料之外的异物的一种行为异常疾病。

病因

由于饲料营养不全或不平衡、饲养密度过大、舍内光照过强，以及某些疾病（如肠道寄生虫、胃肠消化不良等）等，均可导致兔采食或啃咬饲料以外的异物（包括兔笼、墙壁、土块、被毛等），甚至仔兔。

临床症状

主要表现啃咬兔笼、饲槽、被毛等。除此之外，兔的其他行为基本正常。

病理变化

基本上无明显的病理变化。若经常啃咬被毛则在胃内可见毛球，被毛脱落严重（图4-58）；若经常啃咬泥土，则在胃肠内可见到泥土小块。

诊断

通过临床症状基本上可作出初步诊断。

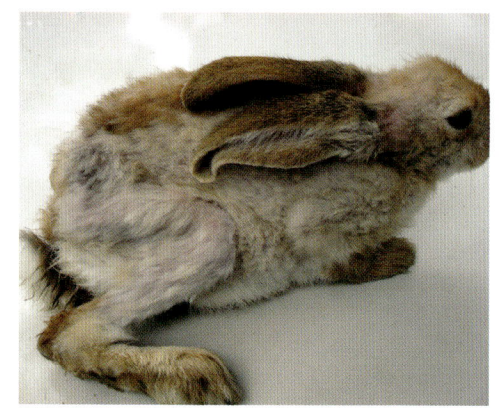

图4-58　全身被毛脱落严重

防治

①预防：平时加强饲养管理，保证兔各期生长的营养需求，特别是保证饲料配方中粗纤维含量，并做到饲料品种多样化。在管理上，兔舍要做到通风，密度要适中，并定期驱虫。

②治疗：发生异食癖时，要及时找出原因，并采取相对应治疗措施。如果环境不好、密度大，那么要降低饲养密度；如果营养缺乏，那么要及时地补充营养（特别要保证粗纤维的供应）。

（九）兔黏液瘤病

兔黏液瘤病是由兔黏液瘤病毒引起的一种兔高度接触性、致死性传染病。

病原

兔黏液瘤病毒属于痘病毒科野兔痘病毒属。病毒粒子呈砖形，对干燥有较强的抵抗力，对热较敏感，在50℃时经30分钟即被灭活，对石炭酸、硼酸、升汞和高锰酸钾有较强抵抗力，对乙醚敏感。

流行特点

本病可发生于家兔和野兔。各种日龄兔都易感，其中成年兔比幼兔更易感。本病可通过接触传播，也可以通过节肢动物（如蚊子、跳蚤等）间接传播。一年四季均可发生，其中以春夏之交多见。本病目前在我国尚未见报道。

临床症状

根据病毒株毒力强弱不同，其发病率和死亡率差异较大，其中强毒株可出现90%发病率和死亡率。根据症状表现可分为最急性型、急性型和低毒力型。

①最急性型：可见体温上升到42℃，眼睑水肿，几天内发病死亡。

②急性型：发病后几天，病兔的眼睑水肿，并出现化脓性结膜炎。口、鼻、肛门及生殖器皮肤也出现炎症和水肿。随着水肿病情进一步发展，头部肿大呈"狮子头"状外观（图4-59），

图4-59　头部肿大（引自任克良）

接着出现呼吸困难、摇头等症状，最后全身皮肤变硬、惊厥而死。死亡率高达90%以上。

③低毒力型：主要表现为全身皮肤轻度浮肿，并形成局灶性小肿瘤，病死率也可达50%左右。

病理变化

最明显的病理变化是皮肤出现肿瘤及皮下水肿，其中以颜面和天然孔周围皮肤水肿最为严重。此外，还有皮肤出血、脾脏肿大、淋巴结出血、心内外膜出血、胃肠黏膜淤血或出血等病变。

诊断

根据流行特点、临床症状和病理变化可作出初步诊断。确诊需取病兔的肾脏等病料进行病毒培养和 PCR 检测。此外，也可用琼扩和中和试验进行诊断。在临床上还要注意与兔病毒性出血症和兔痘进行鉴别诊断。

预防

从国外引种时要加强检疫检验，严防本病传入我国。平时管理过程中要定期消毒，定期消灭吸血昆虫，并做好环境卫生工作。发现本病时按规定应采取扑杀、封锁现场、消毒等处理措施，并对病死兔及排泄物进行高压深埋等无害化处理。对假定健康群可用灭活疫苗进行紧急免疫。目前本病无有效治疗方法。

五、兔急性死亡性疾病诊治

在兔场中，时常可见一些兔急性死亡。导致兔急性死亡的疾病有病毒性疾病（如兔病毒性出血症）、细菌性疾病（如兔巴氏杆菌病、魏氏梭菌病、野兔热、链球菌病等）、寄生虫性疾病（如兔球虫病），以及饲养管理不良导致的疾病（如兔中暑、亚硝酸盐中毒、氢氰酸中毒、农药中毒、兽药中毒、饲料中毒等）。在此主要介绍兔病毒性出血症、野兔热、中暑、亚硝酸盐中毒、氢氰酸中毒和有机磷农药中毒。

（一）兔病毒性出血症

本病是由兔出血症病毒引起的一种兔急性、烈性、高度致死性传染病，又称兔瘟。

病原

兔出血症病毒属于嵌杯病毒科兔病毒属。本病毒颗粒为无囊膜、球形，呈20面体对称，大小为25—40纳米，表面有短的纤突，基因组为线状正链单股RNA。本病毒仅凝集人的红细胞，而不凝集马、牛、羊、鸡、鸭等红细胞，只有一个血清型。本病毒在肝脏、脾脏、肾脏、肺脏及血液中含量高，主要通过粪、尿排毒，在康复后3—4周仍会向外排毒。本病毒对乙醚、氯仿抵抗力强，但一般消毒药均可将它杀灭。

流行特点

本病只发生在兔上，各品种兔均易感。在自然条件下，本病主要发生在3月龄以上的青壮年兔，而3月龄以下仔兔较少发病。发病率和死亡率均可达100%。本病的发生无明显的季节性，以冬季和春季多发。传染性极强，在一个兔场内发生时常呈暴发性流行。

临床症状

在临床上根据发病过程快慢可将本病可分最急性型、急性型以及慢性型3

个类型。

①最急性型：常见于本病的流行初期，往往出现突然大量死亡（图5-1），主要表现体温升高到41℃，病兔往往突然倒地、抽搐、惨叫而死（图5-2）。少数病例死后在两鼻孔或耳朵可见流出血样泡沫或鲜血（图5-3）。

图 5-1　兔场突然出现大量死亡

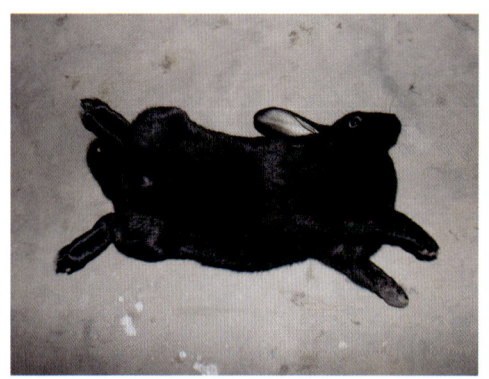

图 5-2　倒地抽搐死亡

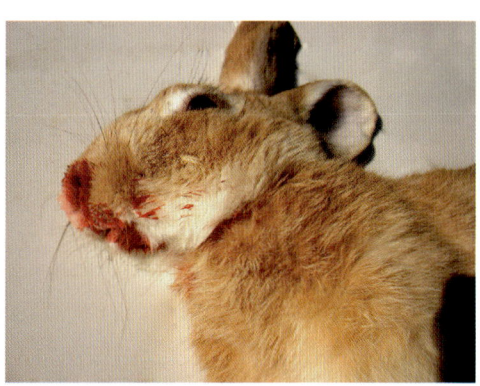

图 5-3　鼻孔流血

②急性型：病兔体温上升到41℃，精神委顿（图5-4），食欲不振，呼吸急促，可视黏膜发绀，结膜潮红（图5-5），有时可见腹胀、便秘（图5-6）或腹泻症状。出现症状后1—2天内死亡。死亡前表现短时间的兴奋不安、惊厥、口咬兔笼，最后抽搐或发出尖叫声而死亡。多数病例可见到鼻部和脸部的皮肤被碰伤。怀孕母兔还可出现流产、死胎现象。

图 5-4　精神委顿

③慢性型：本类型多见于3月龄以内的小兔，以及老龄兔和某些已经做过兔

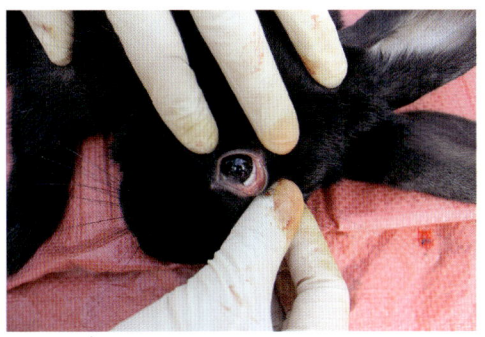

图 5-5　眼结膜潮红

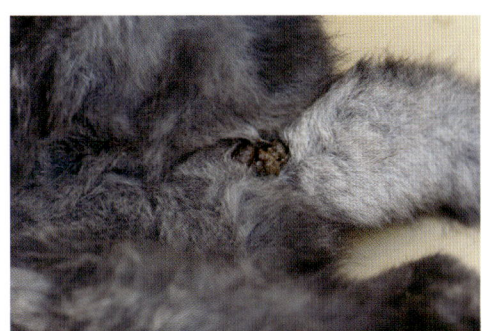

图 5-6　便秘

病毒性出血症灭活疫苗的青年兔。主要表现体温升高，精神沉郁，食欲减少，被毛无光泽，体况消瘦。病程可持续 5—7 天。死亡率相对较低。

病理变化

本病最急性型和急性型死亡的兔外观呈角弓反张，鼻孔或耳朵有时可见粉红色泡沫或鲜血。剖检内脏以实质器官和管腔器官的广泛性淤血、出血、水肿及坏死为主要病变。具体来说，鼻腔、喉头、气管黏膜有弥漫性或点状出血（图 5-7、图 5-8），气管内充满粉红色泡沫状液体。肺脏水肿、肺表面有大小不等不同程度的出血点或出血斑（图 5-9 至图 5-11）。心内外膜也有点状出血。肝脏淤血、肿大、质脆，色泽暗红或红黄色（图 5-12、图 5-13），有时可见出血和灰白色坏死灶（图 5-14）。胆囊肿大（图 5-15）。肾脏肿大，色泽为暗红或紫红，甚至紫黑色（图 5-16），肾脏表面有针帽大小的出血点（图 5-17）。脾脏高度淤血呈紫黑色，肿大 1—2 倍（图 5-18 至图 5-20），质脆。膀胱内充满黄褐色尿液或暗红色尿液（图 5-21）。胃壁出血（图 5-22），十二指肠和空肠黏膜也有

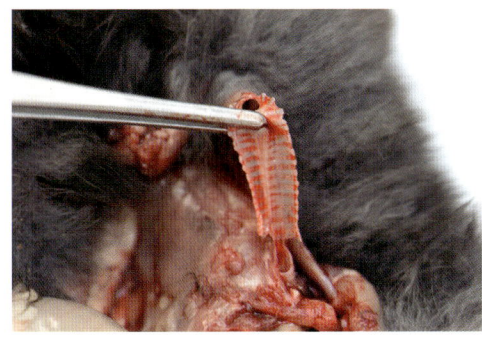

图 5-7　气管黏膜轻度环状出血

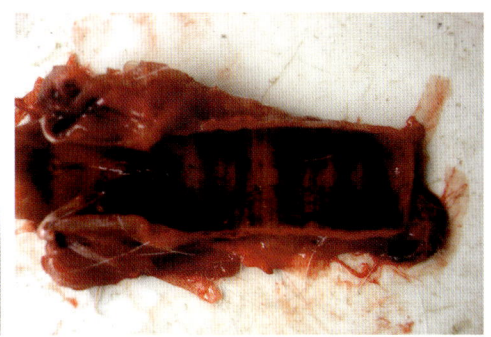

图 5-8　气管黏膜严重环状出血

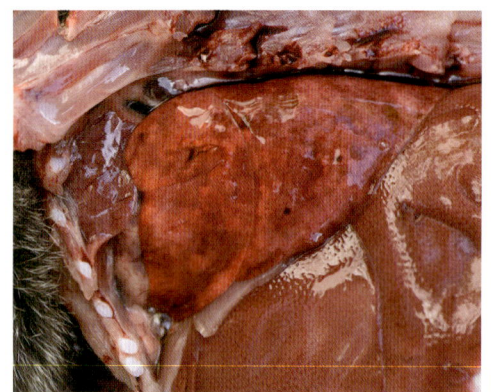

图 5-9　肺脏轻度出血

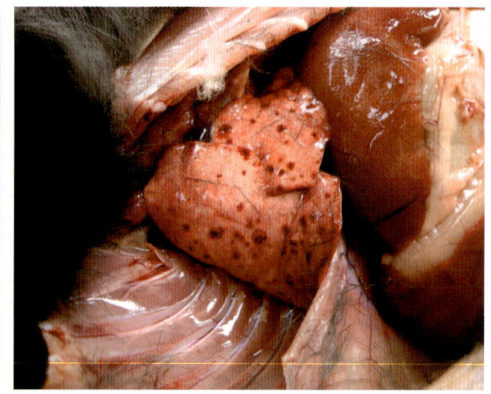

图 5-10　肺脏严重出血

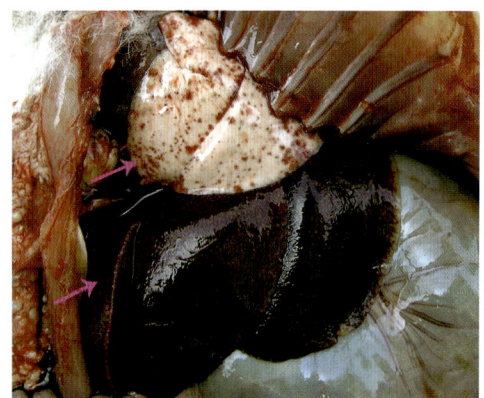

图 5-11　肺脏和肝脏严重出血

图 5-12　肝脏肿大呈暗红色

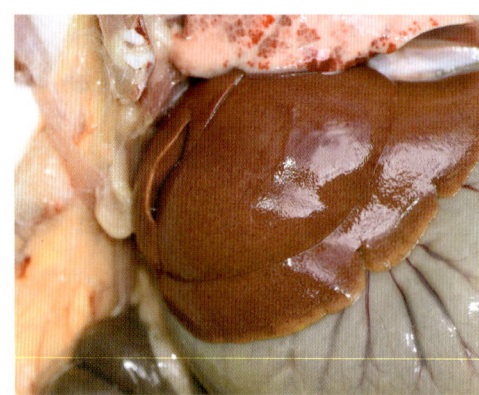

图 5-13　肝脏肿大呈红黄色

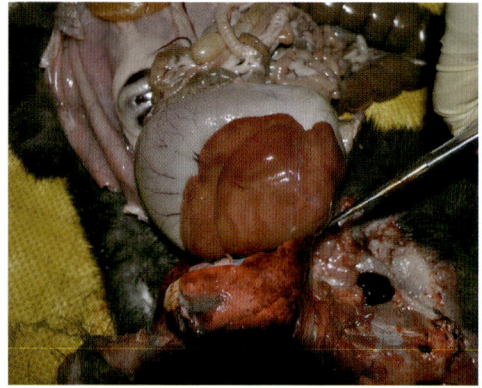

图 5-14　肝脏出血和坏死

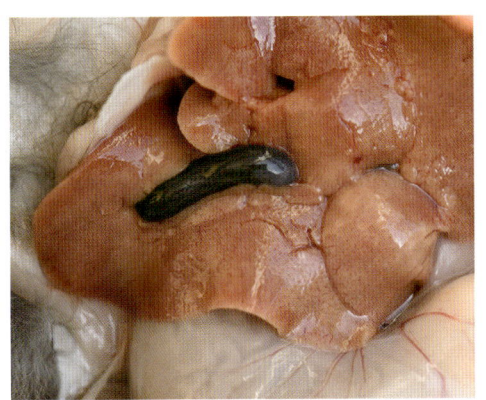

图 5-15　胆囊肿大

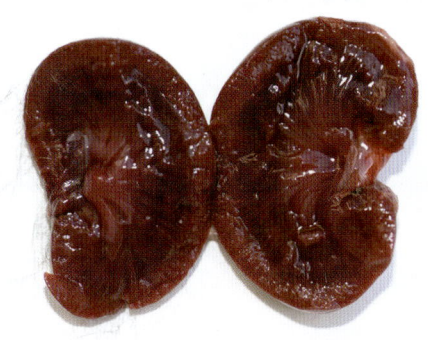

图 5-16　肾脏肿大呈暗红色

图 5-17　肾脏表面出血点

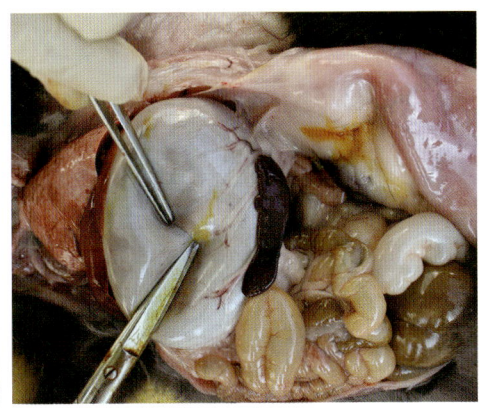

图 5-18　脾脏淤血呈紫黑色

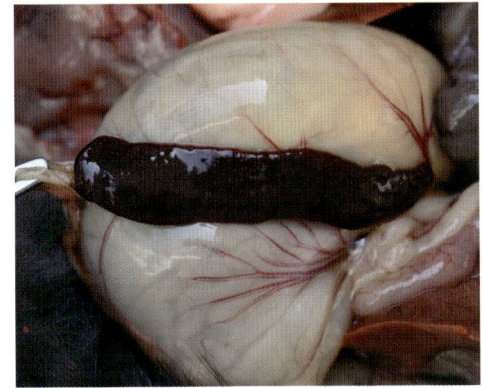

图 5-19　脾脏肿大

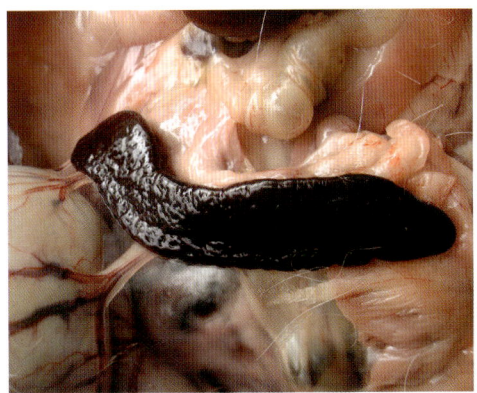

图 5-20　脾脏极度肿大

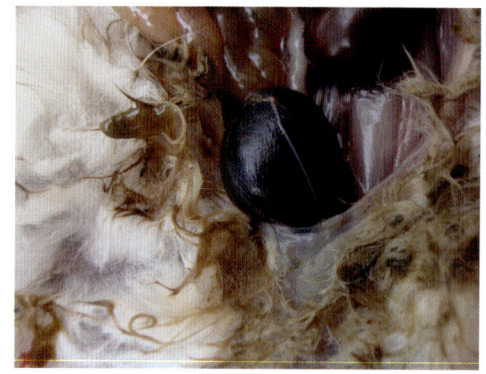

图 5-21　膀胱尿液呈暗红色

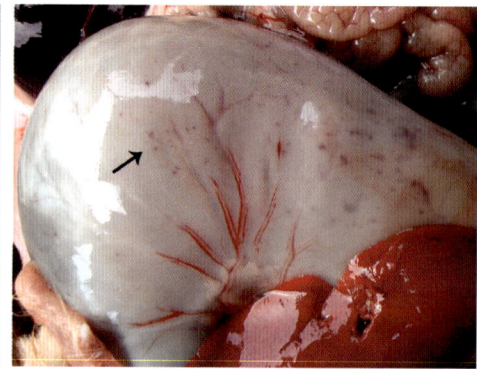

图 5-22　胃壁出血

点状出血。肠系膜淋巴结肿大。胸腺呈胶冻样水肿，并有出血点。脑膜充血明显。慢性病例除兔体消瘦、肺脏有数量不等的出血斑外，其他病变不明显。

诊断

根据流行特点、临床症状、病理病变可作出初步诊断。确诊应采取病死兔的肝脏、肾脏、淋巴结等病料做动物接种、PCR 检查，以及血清学试验等。在临床上，本病须与兔多杀性巴氏杆菌病区别诊断。后者多为散发，无明显的年龄界限，肝脏坏死明显，但肠道病变及肾脏病变不如兔病毒性出血症明显，通过细菌分离可培养出两极着色的多杀性巴氏杆菌。

防治

①预防：定期注射兔病毒性出血症灭活疫苗是预防本病的最关键措施。一般的免疫程序是：仔兔 30—40 日龄时免疫兔病毒性出血症灭活疫苗 1 毫升，60 日龄时再免疫注射兔病毒性出血症灭活疫苗 1 毫升，以后每隔 5—6 个月再加强一次兔病毒性出血症单苗或联苗免疫。成年兔每年免疫单苗或联苗两次，每次 2 毫升。此外，要加强对兔群的饲养管理，坚持自繁自养，不从疫区购种兔和兔苗。平时要做好兔舍的清洁和卫生，定期消毒，并做好病兔的隔离措施。

②治疗：本病属于病毒性疾病，死亡率高，目前无效果明显的治疗药物。据报道，有些兔场在发病的早期试用兔病毒性出血症的高免血清或康复血清治疗，每次皮下注射 4 毫升，有一定的效果。但多数兔场发生本病时一般采用兔病毒性出血症疫苗（多用单苗）进行紧急免疫接种，剂量适当大些。经紧急免疫 7—8 天后，本病基本上可以控制。值得一提的是，当兔场发生本病时，要做好病死兔及其污染物

的消毒和无害化处理，以免造成本病的扩散；在发病期间要禁止所有兔的买卖；在进行紧急免疫时，尽可能提倡1只兔使用1个针头，防止本病因接种而互相传染。

（二）野兔热

本病是由土拉杆菌引起的一种兔急性、热性、败血性传染病，又称兔土拉杆菌病。

病原

土拉杆菌属于弗朗西斯菌科弗朗西斯菌属，是一种人畜共患细菌。革兰阴性，两极浓染，在培养基上呈球状、杆状等多形性，大小为（1.0—3.0）微米×（0.2—1.0）微米，无鞭毛，无荚膜，不形成芽胞。本菌为需氧菌，培养基中需含胱氨酸。本菌对外界抵抗力较强，在污染的土壤中可存活75天，在肉品中可存活133天，一般消毒药均可将其杀灭。

流行特点

本病是兔、人以及其他多种动物的共患病。多发生于春末和夏天季节。常呈地方性流行性，与春夏季节里的啮齿动物、吸血昆虫大量繁殖有关。本病可通过消化道、呼吸道、伤口以及吸血昆虫的叮咬等途径传播。

临床症状

急性病例往往看不到临床症状就出现败血症死亡（图5-23）。亚急性或慢性病例的病程较长，可见病兔消瘦衰竭，颌下、颈下、腋下和腹股沟淋巴结肿大，并可见鼻炎症状（图5-24）。发病率和死亡率都比较高。

图5-23　急性败血症死亡

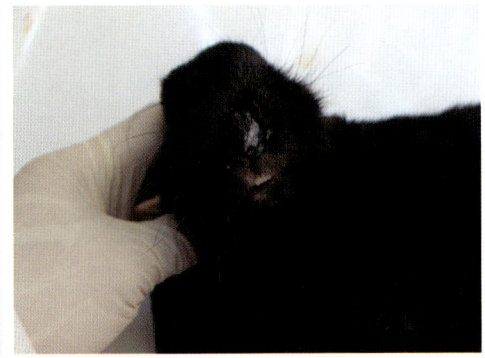

图5-24　鼻炎症状

病理变化

急性病例可见一些败血症病变，如淋巴结肿大、淤血和出血。慢性病例除了淋巴结显著肿大，并呈深红色、有坏死灶外，肝脏、脾脏、肾脏均可见到肿大和坏死结节（图5-25至图5-27）。肺脏也有充血和不同程度实变。

诊断

剖检见体表淋巴结肿大、坏死可作出初步诊断。要确诊需取肝脏、脾脏、淋巴结等病料进行涂片、细菌分离鉴定。此外，采血进行凝集试验也可作出诊断。

防治

①预防：提倡自繁自养，不随便到外界引种。平时要加强饲养管理，兔场内要经常灭鼠杀虫，消灭传播媒介。

②治疗：本病的治疗，可肌内注射硫酸链霉素（每千克体重20毫克），每天2次，连用3天，有较好效果。同时，可配合使用盐酸金霉素、土霉素、氟苯尼考等口服拌料。值得一提的是，由于本病是人畜共患病，在治疗处理过程中要注意消毒、戴口罩等防护措施，病兔的肉和毛皮等要采用无公害处理，以免把本病传给人。

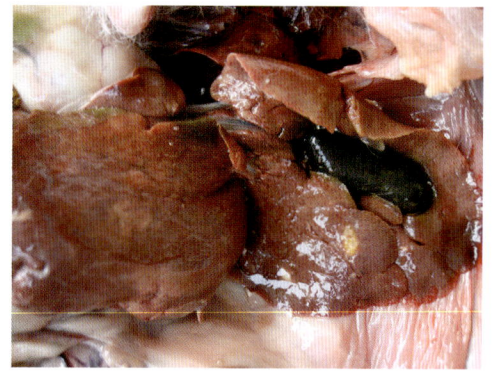

图 5-25　肝脏坏死

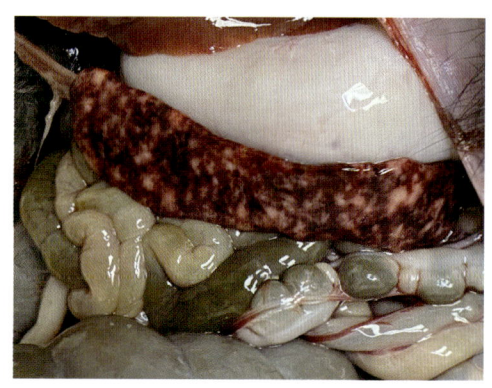

图 5-26　脾脏肿大和坏死

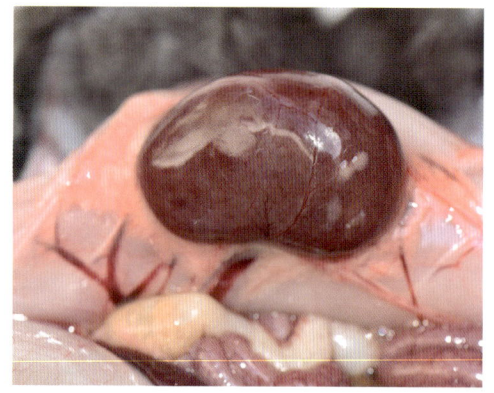

图 5-27　肾脏肿大

（三）兔中暑

兔中暑是指兔在夏天炎热天气里由于环境闷热或太阳暴晒而出现的一种代谢障碍病，又称兔热射病。

病因

由于兔的皮肤缺乏汗腺，散热性能较差，易发生中暑现象（特别是长毛兔更易发生）。在夏天，兔舍密度大、通风差、兔舍低矮，以及长途运输过程中闷热不通风等都容易发生兔中暑。据报道，气温超过 33℃，持续 2 个小时，兔就容易出现中暑现象。

临床症状

病兔的体温升高，眼结膜潮红，呼吸急促，流涎，严重时可出现兴奋不安，最后昏迷而死亡，死亡速度快（图 5-28）。

图 5-28　病兔快速死亡

病理变化

眼结膜发绀，内脏器官充血、淤血，脑膜充血和出血，肠道内粪便秘结等。

诊断

根据发病时间和临床症状基本上可作出诊断。

防治

①预防：平时要加强饲养管理，在夏季要多喂青绿饲料，做好兔舍的通风降温工作，有条件的兔场可安装空调。运动场和露天兔场应设有遮阴设施，避免阳光直射。长途运输要在晚间进行，并做好通风和饮水供应。

②治疗：当兔发生中暑时应立即采取如下措施：第一，立即将病兔放到阴凉处，在兔的头部用冷水毛巾进行冷敷，每隔几分钟更换 1 次。也可用冷水进行灌肠。第二，耳静脉放血 5—10 毫升。第三，口服十滴水 2—3 滴或人丹 2—3 粒。此外，可在鼻唇部涂抹 1 滴风油精，或肌内注射樟脑磺酸钠 0.5 毫升，也有一定治疗效果。

（四）兔亚硝酸盐中毒

兔亚硝酸盐中毒是指兔摄入过量含硝酸盐或亚硝酸盐的植物或饮水而引起血液中产生大量高铁血红蛋白的一种中毒性疾病。

病因

在自然条件下，亚硝酸盐是由硝酸盐在还原性细菌作用下还原而成。各种鲜嫩青草、作物秧苗及菜叶等均富含硝酸盐，这些青饲料若在适宜的条件下（室温20—40℃）堆放过久或经雨淋、日晒后，极易被还原为亚硝酸盐。采食了过量的不新鲜或变质的青饲料后，兔血液血红蛋白丧失携带和释放氧的能力而出现中毒现象。

临床症状

根据病程长短可分为最急性、急性症状。最急性表现采食后稍显不安，站立不稳，快速死亡。急性表现呕吐，腹泻，起卧不安，呼吸急促，心跳加快，可视黏膜、四肢皮肤、耳朵呈淡蓝色（图5-29），肢端发凉，全身肌肉震颤，最后呈角弓反张痉挛死亡。

病理变化

病死兔的尸僵不全，皮肤呈紫黑色，切开皮肤可见流出的血液呈暗红色（图5-30），不完全凝固。胃肠肿大，肝脏肿大、淤血，心脏肿大。心外膜出血，肺脏充血水肿。胃肠黏膜充血出血，胃内积有未消化的青绿饲料。

诊断

根据兔场有饲喂堆积的多汁青饲料病史，以及临床上出现呼吸急促、可视黏膜发绀、肢端发凉、死亡速度

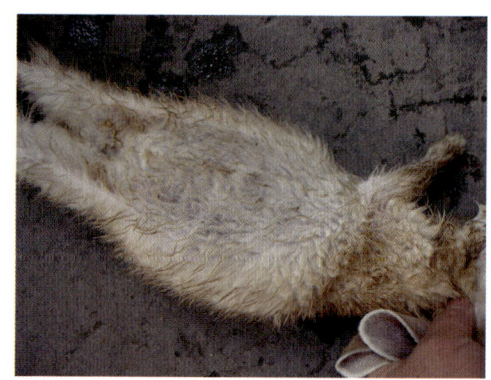

图5-29　四肢皮肤呈淡蓝色

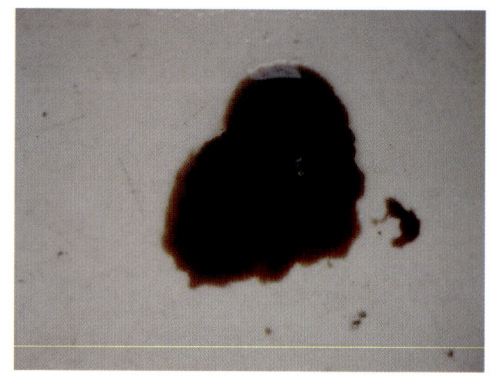

图5-30　血液呈暗红色

快、血凝呈暗红色可作出初步诊断。必要时可抽取血液或可疑饲料及胃内容物进行亚硝酸盐含量测定而作出确诊。

防治

①预防：兔新喂的青绿饲料一定要新鲜，不宜堆放过久，更不能腐烂变质。青绿饲料需煮熟时，不能长时间焖煮，煮后饲料尽可能当天吃完，不能隔夜存放或饲喂不新鲜饲料。

②治疗：发病后要立即停喂原来的饲料，同时采用1%亚甲蓝（按每千克体重静脉注射2—3毫升，每天1—2次，连用2天）或甲苯胺盐（按每千克体重5毫克配成5%浓度进行静脉注射，每天1—2次，连用2天）。此外，口服维生素C及葡萄糖也有一定的辅助治疗作用。

（五）兔氢氰酸中毒

兔氢氰酸中毒是指兔采食富含氰苷的青饲料而出现以呼吸困难、黏膜鲜红、肌肉震颤、全身惊厥等为主要症状的一种中毒性疾病。

病因

由于兔采食到富含氰苷的青饲料（如高粱和玉米新鲜嫩苗、木薯皮、亚麻子饼、海南刀豆、狗爪豆，以及桃、李、梅、杏、枇杷、樱桃等叶和种子）后，在体内产生游离氢氰酸而出现中毒现象。

临床症状

发病急，一般在采食青饲料后十几分钟兔腹痛不安，呼吸困难，口吐白沫，下痢，行走不稳，可视黏膜呈樱桃红色，呼出的气体带苦杏仁味，瞳孔散大，肌肉痉挛，最后缺氧而死亡。

病理变化

病死兔皮下出血，呈樱桃红色（图5-31），血液凝固不良，腹腔有浆液性渗出液（图5-32），胃肠浆膜有出血，肺脏水肿，气管和支气管内积有大量泡沫，切开胃内容物有苦杏仁味，胃黏膜出血。

诊断

根据有采食富含氰苷类饲料史，同时临床上出现腹痛不安、呼出苦杏仁味、可视黏膜呈樱桃红色、血液凝固不良等症状可作出初步诊断。在临床上要注意与

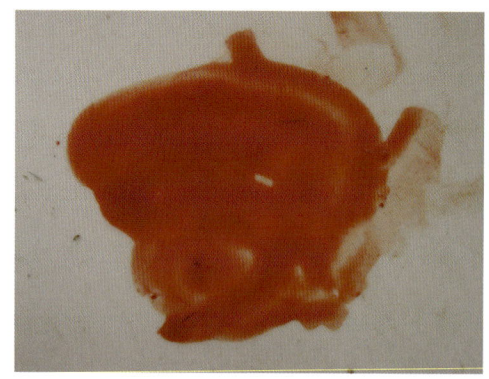

图 5-31　血液呈樱桃红色

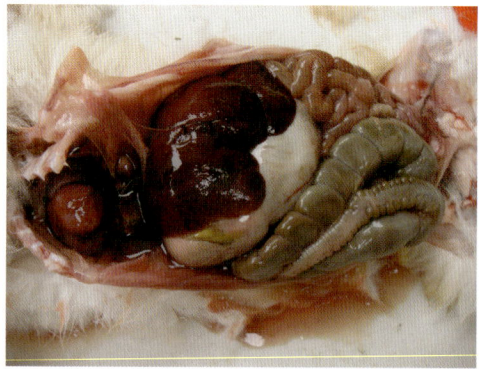

图 5-32　腹腔有浆液性渗出液

亚硝酸盐中毒进行鉴别诊断。必要时抽取胃液进行氢氰酸毒物化验而作出确诊。

防治

①预防：平时禁止饲喂富含氰苷的青饲料，有些饲料（如亚麻子饼）要去毒后才能饲喂。

②治疗：对病兔同时静脉注射 5%—10% 硫代硫酸钠注射液 3—5 毫升和 1% 亚甲蓝注射液 3—5 毫升，每间隔 4 小时注射 1 次。维持治疗可采用 10% 葡萄糖注射液 3—5 毫升静脉注射，以提高病兔肝脏解毒功能。

（六）兔有机磷农药中毒

兔有机磷农药中毒是指兔接触或误食了含有机磷农药的食物而发生的一种中毒性疾病。临床上以腹泻、流涎、肌群震颤及急性死亡为特征。

病因

①饲喂或误食了喷洒过有机磷农药的牧草、蔬菜。

②违反药物安全规程，如采用敌百虫杀灭体外寄生虫时浓度过大，用量过多，用后没有及时吸干毛发，结果被兔舔食后导致中毒。

临床症状

轻度中毒时，病兔表现狂躁不安、全身无力、流涎（图 5-33）和轻度腹泻。中度中毒时，上述症状加重，食欲废绝，流涎明显，腹痛，瞳孔缩小，肌肉震颤，呼吸加快，体温升高。严重时，病兔全身肌肉痉挛，大小便失禁，瞳孔极度缩小，呼吸极度困难，心跳急速，快速死亡。

病理变化

病死兔皮下出血，上呼吸道充满粉红色泡沫，胃肠黏膜充血、出血（图5-34）、肿胀、易脱落，胃内容物具有大蒜味或酸臭味，肺脏肿胀。

诊断

根据有农药接触史，以及临床上出现流涎、腹痛、腹泻、肌肉震颤、瞳孔缩小等症状可作出初步诊断。必要时可收集胃内容物进行有机磷农药检测，或采集兔血液进行血浆胆碱酯酶活性测定来确诊。

防治

①预防：加强农药管理，禁止饲喂有喷洒过农药的青绿饲料，在使用有机磷农药进行杀灭兔体外寄生虫时，须严格控制使用浓度和方法。用药后要加强管理，防止兔舔食。

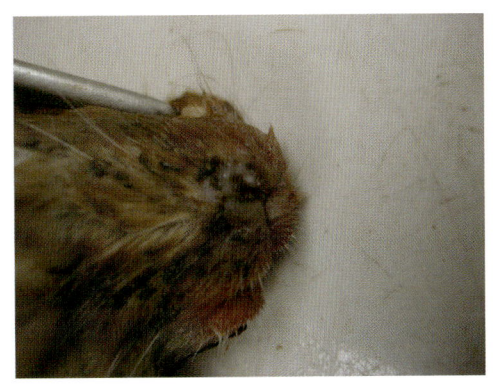

图 5-33　病兔流涎

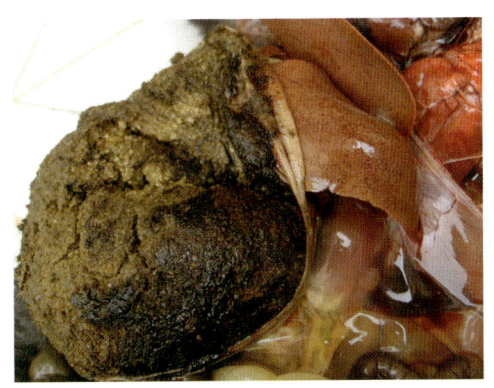

图 5-34　胃黏膜出血

②治疗：发病后要迅速切断中毒源，皮肤中毒时可采用清水冲洗，同时采用0.1%硫酸阿托品1—2毫升进行皮下注射，每天2—3次。严重的病例，还要静脉注射碘解磷定（按每千克体重15—30毫克，每3—4小时注射1次）。

六、兔神经障碍性疾病诊治

在兔场中，时常可见到一些兔出现神经障碍性疾病（如歪头、斜颈、转圈、兴奋不安等）。导致兔出现神经障碍症状的有病毒性疾病（如兔病毒性出血症）、细菌性疾病［如兔巴氏杆菌病（中耳炎型）、李氏杆菌病、链球菌病］、寄生虫性疾病［如兔疥癣（耳螨）、脑炎原虫病、弓形虫病等］、饲养管理不良（如母兔产后瘫痪）。这里主要介绍兔李氏杆菌病、链球菌病、脑炎原虫病、弓形虫病，以及母兔产后瘫痪。

（一）兔李氏杆菌病

本病是由李氏杆菌引起的一种兔人畜共患病。

病原

李氏杆菌是属于李氏杆菌属。本菌为一种细长小杆菌，大小为（0.4—0.5）微米 ×（0.5—2.0）微米，两端钝圆，多单个，也有排列成 V 形或短链形或长丝状（固体培养物）。新鲜培养菌呈革兰阳性，在陈旧培养基上呈革兰阴性。需氧或兼性厌氧，在鲜血琼脂上形成 β 溶血。无芽胞，无荚膜，有周鞭毛，能运动。在青贮饲料、干草、干燥土壤及粪便中能长期存活，对温度和消毒药抵抗力不强。

流行特点

多种动物及人均可感染本病。不同日龄兔均可发病，其中幼兔和孕兔的易感性高。本病多为散发，有时也呈地方流行性。总的来说，发病率较低，但是一旦发病则死亡率比较高。

临床症状

根据病程长短，可把本病分为 3 种类型。

①急性型：多见于幼兔。主要表现精神委顿，食欲减少或废绝，体温升高，并伴有结膜炎（图 6-1）和鼻炎，死亡快。

②亚急性型：多见于中大兔。主要表现精神委顿，以脑神经症状比较明显，

病兔嚼肌痉挛、眼球突出，头颈偏向一侧（图6-2），并做转圈运动。怀孕母兔还会出现流产和胎儿干尸化。病程可持续4—7天。

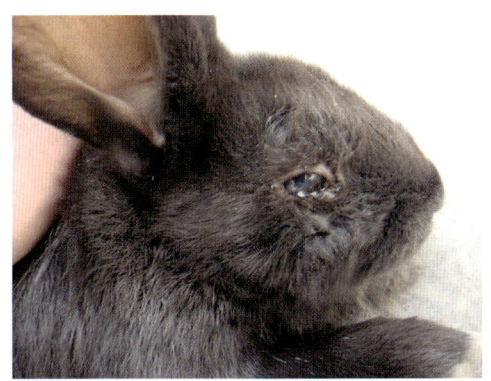

图6-1　眼结膜炎

图6-2　头颈偏向一侧

③慢性型：主要表现为母兔子宫炎。母兔精神委顿，体温升高，流产，并从阴道内流出棕红色的分泌物。病兔康复后再配种，不易受孕。此外，有些病例还会伴随脑炎症状。

病理变化

本病的急性和亚急性病例可见肺脏有出血性梗死和水肿，内脏实质器官有不同程度的灰白色坏死灶，淋巴结肿大，腹腔内有较多的腹水渗出。此外，有脑神经症状的病例还可见脑膜充血、出血和不同程度的脑部水肿病变。慢性病例还可见到子宫炎，甚至子宫积脓病变。

诊断

根据临床上发病率低、死亡率高，以及成兔有脑神经症状和子宫炎症状可做初步诊断。本病的确诊除了进行细菌分离鉴定外，可取发病兔血液进行单核细胞检查，看看数量是否明显增加（约占白细胞总数的一半以上）也有重要的诊断意义。

防治

①预防：平时饲养管理过程中要做好环境卫生，定期消灭老鼠。由于本病是人畜共患病，对疑似病例要及时隔离治疗或淘汰（必须采用无害化处理），并做好相关场地、笼子等消毒工作。

②治疗：本病选用一些药物如磺胺嘧啶（按每千克体重 0.1 克）、青霉素钠、硫酸链霉素等肌内注射，每天 1—2 次。对已出现脑神经症状的病兔一般愈后不良，建议采取淘汰，并做无害化处理。

（二）兔链球菌病

本病是由溶血性链球菌引起的一种以急性败血症为主要症状的兔传染病。

病原

兔链球菌属于链球菌属。本菌为圆形或卵圆形，常排列成链状，在固体培养基上常呈短链状，在液体培养基中呈长链状，不形成芽胞，多数无鞭毛，革兰阳性。本菌为需氧或兼性厌氧菌，在普通琼脂上生长不良，在加有血液或血清的培养基中生长良好，菌落周围形成 β 型溶血环。本菌对热和一般消毒药抵抗力不强。目前，链球菌可分为 20 个血清群，兔链球菌属于 C 群 β 型溶血性链球菌。

流行特点

本病在兔和多种动物均可感染。主要危害 6—12 周龄的幼兔。一年四季均可发生，但以春秋两季多见。

临床症状

病兔体温上升，精神沉郁，呼吸困难。急性病例往往无明显先兆症状就出现败血症死亡。慢性病例可出现鼻炎或肺炎症状，有的可出现脑神经症状（如歪头、转圈）（图 6-3），有的还有间歇性腹泻或生殖道炎症等多种症状。

图 6-3　歪头、转圈

病理变化

急性死亡病例可见上呼吸道出血和肺脏局灶性或弥漫性出血，肝脏肿大、出血和成片坏死或条状坏死（图 6-4），脾脏肿大（图 6-5）。慢性病例有胸膜肺炎、脑膜炎及肠黏膜出血等病变。

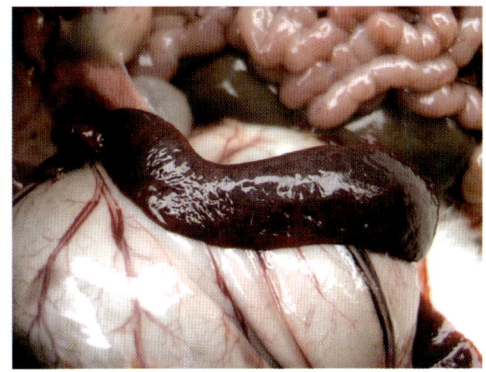

图 6-4　肝脏肿大，表面有条状坏死　　图 6-5　脾脏肿大

诊断

本病在临床上易与兔李氏杆菌病、巴氏杆菌病等相混淆，所以必须对病死兔肝脏和脾脏进行细菌的涂片镜检或细菌分离培养鉴定。在显微镜下，链球菌可以单个、成双或 3—5 个聚集成链状存在，经过培养后，链状排列会更长。

防治

①预防：平时加强饲养管理，尽量减少各种应激因素，平时可定期使用磺胺类药物进行预防，有一定效果。

②治疗：治疗本病的药物有两类，第一类为青霉素类（如青霉素钠、氨苄西林钠、阿莫西林，肌内注射），第二类为磺胺类药物（如磺胺间甲氧嘧啶，口服或肌内注射）。疗程需持续 3—4 天。

（三）兔脑炎原虫病

本病是由脑炎原虫引起的一种兔慢性、隐性或亚临床性原虫病。

病原

脑炎原虫属于微粒子科脑原虫属。它有多种形态，在脑、肾脏、肝脏、脾脏等器官及腹水中以滋养体存在，大小为（2.0—2.5）微米 ×（0.8—1.2）微米，直杆状或弯杆状，两端钝圆，一端大，一端小，革兰染色呈蓝色。孢子囊常见于神经细胞、巨噬细胞或其他细胞中。孢子呈卵圆形或杆形，长 1.5—2.5 微米，内含 1 个核及少量空泡。

流行特点

本病分布较广，各日龄兔均可发生，其中以成兔多见。可通过消化道或胎盘感染。以秋冬季节多发。

临床症状

本病多呈隐性感染，一般不表现症状，有时可见头颈向一边歪的脑炎症状（图6-6），有时可见惊厥、颤抖、斜颈、麻痹及蛋白尿等症状。

病理变化

病死兔的肾脏表面出现一些细小的坏死灶，肾内部有间质性肾炎。脑实质中有肉芽肿，并出现非化脓性脑炎病变。其中脑组织中形成肉芽肿是本病的特征性病变。

图6-6　头颈向一边歪

诊断

取病兔的脑组织或肾组织进行姬姆萨染色镜检，见到兔脑原虫的滋养体（圆形或卵圆形）或孢子（卵圆形或杆形）（图6-7）可确诊。

预防

平时加强饲养管理，改善卫生条件。引种时要严格把关，努力把兔场建成为无脑炎原虫的健康兔场。目前对本病尚无较好的治疗方法，对病兔采取淘汰处理。

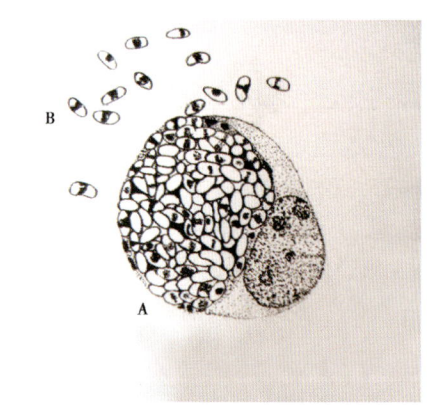

图6-7　孢子呈卵圆形或杆形（引自黄兵）
A.宿主细胞中的孢子囊；B.游离孢子

（四）兔弓形虫病

本病是龚地弓形虫引起的一种兔寄生虫病，也是一种人畜共患病。

病原

龚地弓形虫属于肉孢子虫科弓形虫属。本虫有不同发育阶段，有滋养体、包囊、裂殖体、配子体、卵囊。滋养体呈半月形或香蕉形，一端尖，另一端钝圆，大小为（4—8）微米×（2—4）微米；包囊一般存在于慢性病例或潜伏期组织细胞中，呈卵圆形，直径为50—60微米；裂殖体主要在猫小肠上皮细胞内；配子体存在于猫上皮细胞内，在其内进行有性繁殖；卵囊是由大、小配子体组合而成，存在于猫粪便中，卵圆形，大小为（11—14）微米×（9—11）微米，每个成熟的卵囊内存在2个孢子囊，每个孢子囊含4个子孢子。

流行特点

猫是本病的终末宿主，所以猫比较多的兔场非常容易感染本病。本病可通过消化道、呼吸道、皮肤、胎盘等途径传播。在夏季，吸血昆虫也可传播本病。一年四季当中以夏秋季节的发病率比较高。

临床症状

急性病例主要表现体温升高，呼吸困难，食欲废绝，鼻流浆液性或脓性分泌物，后期出现全身性惊厥症状或后肢麻痹而死亡。慢性病例多见于老龄兔，主要表现食欲不振、消瘦，后肢也会出现麻痹现象。

病理变化

急性病例剖检可见淋巴结、脾脏、心脏、肺脏及肝脏等有出血和坏死灶。胸腔和腹腔积液（图6-8）。肠道黏膜出血。慢性病例的病变不明显，有时可见内脏器官有散在的坏死灶。

诊断

本病的诊断可取病死兔的腹水或淋巴结进行涂片和姬姆萨染色，在显微镜下检出弓形虫的虫体而确诊。此外，也可用采用ELISA方法检查兔血液中的弓形虫抗体进行间接诊断。

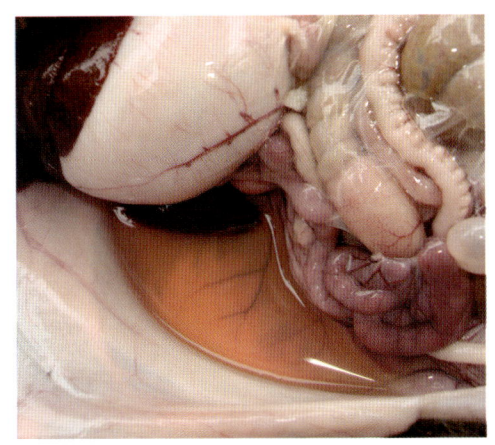

图6-8 胸腔和腹腔积液

防治

①预防：养兔场要做好灭鼠赶猫工作，猫少了，本病发生就会少。平时可定期使用磺胺类药物进行预防，有较好的效果。由于本病是人畜共患病，饲养员在平时饲养管理和治疗过程中要做好个人防护措施。

②治疗：对个别病兔可用磺胺间甲氧嘧啶钠或磺胺嘧啶钠进行肌内注射治疗（按每千克体重 0.07 克），每日 1 次，连用 3—5 天。同时，整群兔也要使用磺胺间甲氧嘧啶钠（按 0.05% 比例）进行拌料，连喂 3 天，有较好的治疗效果。

（五）母兔产后瘫痪

母兔产后瘫痪是指母兔产后 2—5 天突然出现以后肢瘫痪为主要症状的一种营养代谢病。

病因

①饲料营养不全，特别是钙、磷缺乏或比例不当；母兔产仔过多，母兔营养得不到及时补充，造成母兔产后营养不足。

②母兔产前光照不足，运动不够；母兔受到各种不良应激；兔舍潮湿。

③母兔患某些疾病（如球虫病、子宫炎、肾炎）。

临床症状

病母兔分娩后 3—5 天，体温下降、精神沉郁，食欲减少或废绝。病初粪干、偏硬，之后出现停止排粪或排尿，乳汁分泌减少。接着病母兔跛行、不能站立，甚至后肢麻痹（图 6-9），对周围环境失去反应能力，呈昏睡状态。有些触摸腹腔，可触及积尿的膀胱。有些触摸后腹部在外阴部可见黄白色脓汁流出阴户。严重的发病后 3—5 天昏迷而瘫痪，甚至死亡。

图 6-9　母兔后肢麻痹

病理变化

病母兔骨骼疏松易折，内脏无明显病变，有时可见膀胱积尿，有时可见子宫肿大积脓。

诊断

根据母兔分娩后 3—5 天出现不能站立或站立不稳的症状可作出初步诊断。必要时采血测定血液中血钙浓度作出诊断。

防治

①预防：平时兔舍要保持清洁卫生和干燥，对母兔要供给充足的钙、磷及维生素 D，增加兔舍的光照时间，保证母兔产房安静，并做好母兔和仔兔护理工作。

②治疗：对瘫痪病例采用耳静脉注射葡萄糖酸钙注射液 10—15 毫升，每天 1 次，连用 3—5 天，同时肌内注射维生素 D_3 注射液或维丁胶性钙注射液 1—2 毫升。加强兔日粮中营养配制，多补充含钙营养物质。对有并发症的及时采取对症治疗。

七、兔繁殖障碍性疾病诊治

在兔场中，兔繁殖障碍性疾病是常见病和多发病。导致兔繁殖障碍性疾病的原因有很多，包括病毒性疾病（如兔病毒性出血症）、细菌性疾病（如兔李氏杆菌病、巴氏杆菌病、沙门菌病等）、饲养管理不良性疾病（如母兔乳房炎、母兔乏情、母兔不孕症、母兔流产与死产、母兔无乳症、兔生殖器炎症、维生素A缺乏症、维生素E缺乏症、阴道脱等），以及其他病因（如兔密螺旋体病）。这里主要介绍母兔乳房炎、乏情、不孕症、流产与死产、无乳症，兔密螺旋体病、生殖器炎症、维生素A缺乏症、维生素E缺乏症，以及母兔阴道脱等。

（一）母兔乳房炎

母兔乳房炎是指母兔由于多种原因导致的以乳房肿大、炎症为症状的一种常见病。

病因

由于饲养管理不当（如产前产后饲喂过多的精料和青绿饲料），造成母兔乳汁过多、过稠，或母兔产仔太少，使乳汁长时间蓄积，引起乳房炎症。此外，由于母兔受凉感冒或皮肤损伤后又感染了葡萄球菌、链球菌等也常导致母兔乳房炎。

临床症状

母兔全身体温上升，精神委顿，拒绝仔兔哺乳。同时，乳房肿大、发炎，并有明显的红肿热痛表现（图7-1）。刚开始皮肤为红色，随着病情发展可变为蓝紫色，局部肿大明显，严重时

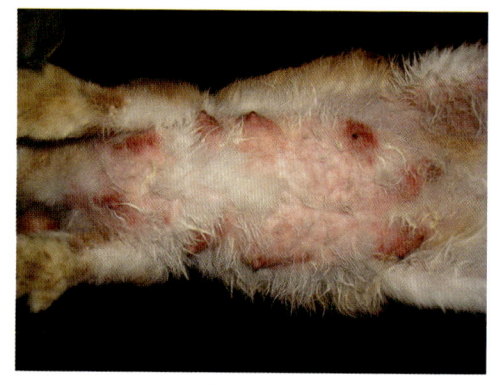

图7-1　乳房局部肿大，表现红肿热痛

可见脓肿破溃流出豆渣样分泌物。若不及时治疗，母兔全身感染，可导致败血症而死亡。

病理变化

乳房红肿热痛的炎症反应比较明显。若感染全身败血症，还可以在肝脏、肾脏等脏器出现化脓灶病变。

诊断

根据临床症状、病理变化基本可以作出诊断。

防治

①预防：在母兔的产前产后要加强饲养管理，不能喂太多的精料和青绿饲料，同时保持兔舍、兔笼的清洁卫生。注意兔笼须光滑无刺，以防止母兔乳房受到损伤。

②治疗：早期局部采用热敷或涂擦 5% 鱼石脂软膏，每天 2—3 次。同时用青霉素钠、硫酸链霉素各 2 万单位进行肌内注射，每天 2 次，连续 3—5 天。此外，也可使用中药治疗（地榆 20 克、白菊花 24 克、紫花地丁 18 克、蒲公英 20 克、野菊花 22 克，混合煎汤拌料，供 10 只母兔食用，连用 3—4 天）。如有发生脓肿，则需开刀排脓，并采取相应的消炎处理。

（二）母兔乏情

母兔乏情是指母兔到了配种年龄而不发情的一种繁殖性疾病。

病因

①母兔过肥或过瘦。

②母兔缺乏光照。

③饲料中缺乏维生素 A 和青绿饲料。

④母兔可能存在某些疾病或生理性缺陷，如阴道畸形、输卵管狭窄、子宫内留有死胎或卵巢存在持久黄体等。

临床症状

一般来说，母兔养到 3.5—4 月龄就会发情，表现精神不安，活跃，往返跑动，乱刨笼底板，食欲减退。此时母兔的外阴变得松弛、潮红、肿胀和湿润，会接受公兔配种。发情期持续 3—4 天。若母兔达到性成熟日龄还不出现发情症状即为乏情（图7-2）。

病理变化

内脏无明显病变，主要表现性器官发育不良。

诊断

根据临床症状、病理变化基本可以作出诊断。

防治

①加强饲养管理：保持母兔中等膘情，在冬季让母兔增加运动，在室

图7-2　到日龄未见发情

外进行日光浴，在饲料中要多添加胡萝卜、甘蓝叶、南瓜、黑麦草等青绿多汁饲料。

②光照催情：通过人工增加光照，可促进母兔发情。具体做法：前15天每天给予14—16小时光照，后15天每天给予6—8小时光照。在日常母兔管理中每天给予6—8小时的光照时间。

③异性诱导发情：对长期不发情母兔，于上午8时可将母兔放入公兔笼内让公兔调情，或让公母兔相互追逐爬跨1—2小时后，再将母兔取出。5—6小时后，母兔可能会有发情表现。若不行，可再重复一次。

④中草药催情：取益母草10克、黑豆25克，水煮20—30分钟后将汤拌料，豆喂兔，连喂3—5天，母兔有可能发情。

⑤激素催情：可选用孕马血清、绒毛膜促性腺激素、苯甲酸雌二醇、乙烯雌酚进行人工催情，也有一定效果。

（三）母兔不孕症

母兔不孕症是指母兔配种后不受孕的一种疾病。

病因

①饲养管理不当：一是营养过剩，把后备种兔养成了体型肥胖的商品兔。二是因为营养缺乏，致使经产母兔过于瘦弱。有的母兔产仔数多，哺乳期过长，母体营养消耗过大，膘情难以恢复。三是饲料品种单一，蛋白质供给偏少，维生素E不足。

②技术人员操作失误：饲养户对母兔是否发情鉴定不清、不准，配种不适时也是造成不孕的主要原因。

③母兔生殖道炎症而导致不孕：有时母兔外阴部红肿、发炎，甚至溃疡流出黏液，这种情况极易导致母兔不孕。

④先天性不孕：此症多发生于后备母兔。

⑤疫病性不孕：兔布氏杆菌病、弓形虫病、密螺旋体病等也是引起母兔不孕症的重要原因。这些病原菌能在自然条件下传播，也可在自然交配情况下感染，发病兔有相应的临床症状。

临床症状

母兔发情配种后不受孕，不见腹部变大（图7-3），到期不见产仔或又出现发情表现。

病理变化

剖检无明显病理变化。

诊断

根据临床症状、病理变化基本可以作出诊断。

防治

①预防：加强饲养管理，饲料配方要科学，适当调整配方中精料的比

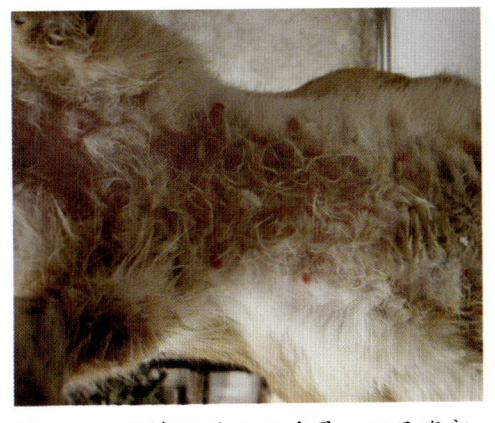

图7-3 发情配种后不受孕，不见腹部变大

例，保证日粮中粗纤维占15%左右，补饲适量干草、蔬菜等。注意在哺乳过程中"渐进式"地增加饲喂量和提高日粮中蛋白质比例。同时应注意饲料的营养均衡，并做好饲料的调节和改善。提高繁殖技术，抓住母兔最佳配种时间，避免空配、漏配。治疗生殖器官疾病，将炎症治好后再配种。但对久不发情、治疗无效的要及时淘汰。对疫病性不孕要早发现早治疗，搞好兔舍卫生，做好消毒工作，加强营养，增强机体抗病力。

②治疗：找到引起不孕的原因进行对因治疗。及时治疗生殖器官疾病，对屡配不孕者，应予淘汰。若因卵巢功能降低而不孕，可试用激素治疗，如皮下或肌内注射促卵泡激素（FSH），每次0.6毫克，用4毫升生理盐水溶解，每天2次，

连用3天，于第4天早晨母兔发情后，再耳静脉注射2.5毫克促黄体生成素（LH）后立刻配种。用量一定要准，量过大反而效果不佳。有些先天性不孕母兔通过肌内注射乙烯雌酚及促卵泡素能取得较好的繁殖效果，但对久不发情、治疗无效的母兔要及时淘汰。同一只种公兔所配母兔不孕者较多，应考虑可能是公兔导致不孕。

（四）母兔流产与死产

母兔怀孕终止，排出未足月的胎儿称为流产；怀孕足月，但产出已死亡的胎儿称为死产。

病因

引起流产与死产的原因很多。各种机械性因素如剧烈运动、捕捉、保定方法不当、摸胎（妊娠检查）用力过大、产箱过高、洞门太小或笼舍狭，以及受惊吓等，均可造成流产。营养性因素如饲料营养不全，尤其是某些维生素和微量元素不足、饲料中毒等，也可导致流产。生物性因素如母兔感染某些急性热性传染病、重危的内外科疾病及生殖器官疾病，均可引起流产与死产。药源性因素如内服大量泻剂、利尿剂、麻醉剂等，也可能引起流产与死产。另外有些初产母兔在产第一窝时出现高度神经质、母性差，也会造成死产。

临床症状

一般在流产与死产前无明显症状，或仅有精神、食欲的轻微变化，不易察觉到，常常是在笼舍内见到母兔产出的未足月胎儿或死胎时才发现。有时在流产前阴户会流出粉红色分泌物（图7-4）。怀孕初期，流产可能为隐性的，即胎儿被吸收，不排出体外，误认为未孕。有的母兔怀孕到15天左右出现衔草拉毛，但产出没

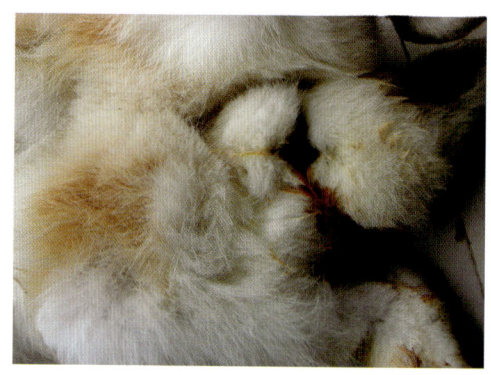

图7-4　阴户流出粉红色分泌物

成形的胎儿；有的提前3—5天产出死胎；有的生产可延续2—3天；有的产出部分死胎、部分活胎。产后多数体温升高，食欲不振，精神不好。

病理变化

个别病兔可继发阴道炎、子宫炎并造成屡配不孕。流产出的胎儿大小不一，有些胎儿皮肤有出血，有些没有。

诊断

早期流产不易诊断，晚期流产可根据发病原因及临床症状作出诊断。

防治

①预防：保持兔舍安静，加强饲养管理。防止早配和近亲繁殖。发现有流产预兆的母兔，可肌内注射黄体酮 15 毫克进行保胎。对习惯性流产的母兔应及时淘汰。

②治疗：对流产后的母兔，应保持安静休息，喂以营养充足的饲料，并添加部分抗生素或磺胺类药物进行抗菌消炎，控制炎症，以防继发感染。

（五）母兔无乳症

母兔无乳症是指母兔产后出现缺乳或无乳症状的疾病。

病因

母兔在怀孕期和哺乳期饲喂不当，或饲料营养不全造成。此外，母兔患有某些寄生虫病、热性传染病、乳房疾病、内分泌失调及其他慢性消耗性疾病，过早交配，乳腺发育不全，年龄过大，乳腺萎缩等因素也可造成缺乳或无乳。个别也可能是初产母兔母性不强所致。

临床症状

仔兔吃奶次数增多，但吃不饱，在巢箱内不停地爬动、鸣叫，逐渐消瘦，增重缓慢，发育不良，甚至因饥饿而死亡。母兔不愿哺乳，乳头松弛、柔软或萎缩变小（图7-5），乳腺不发达。用手挤乳头也挤不出乳汁或量很少。

病理变化

剖检无明显病理变化。

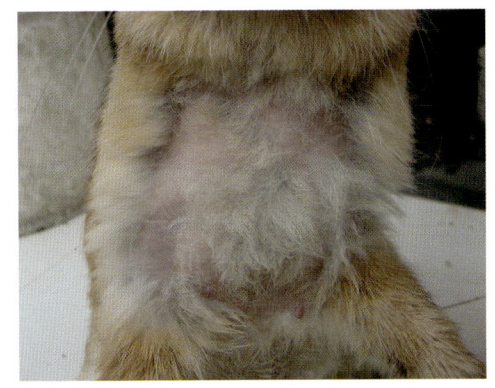

图 7-5　乳房松弛、萎缩变小

诊断

根据临床症状、病理变化基本可以作出诊断。

防治

①预防：首先应改善饲养管理条件，喂给母兔全价饲料，增加精料和青绿多汁饲料。防治早配，淘汰年龄大的母兔，选育母性好、泌乳足的母兔品种。

②治疗：在治疗上，可内服催乳灵1片，每天1次，连用3—5天。也可试用激素治疗，包括用垂体后叶素10单位，一次皮下或肌内注射；苯甲酸雌二醇0.5—1.0毫升，肌内注射。此外，可选用催乳和开胃健脾的中草药。

养兔实践中，常根据母兔不同情况区别对待：

对于泌乳系统发育不良或母性不强的初产母兔，除加强营养、调整饲料结构外，对不拉毛的母兔可人工帮助其将腹部乳头周围的毛拉光，以刺激乳腺。也可用温淡盐水擦洗乳房后，按摩1—2次，促进乳腺发育和泌乳。

对经产母兔，应调整日粮，多喂青绿多汁饲料，并喂以新鲜蒲公英、车前草和黄芪等中草药，连喂2—4天，既催乳又防病。

对肥胖母兔，可用催乳素皮下注射1—2毫升，每天2次，并适当降低饲料能量和蛋白质水平。对瘦弱母兔催乳，应加喂营养丰富、蛋白质含量高的草料，同时取新鲜蚯蚓1—2条，开水泡至发白，切碎拌红糖喂兔，每天1—2次；也可将蚯蚓晒干粉碎后拌入饲料中喂兔。

对多仔母兔，可将仔兔按个体大小、体质强弱分为2组，让母兔分2次定时哺乳，早晨先喂体况小的一组（此时乳汁多），傍晚哺喂体况大的一组。仔兔开食后要及时补料。

（六）兔密螺旋体病

本病是由兔密螺旋体引起的以繁殖障碍为症状的一种慢性传染病，又称兔梅毒病。

流行特点

本病主要危害成年兔，而对幼兔和其他动物不易感。在生产中可通过交配经生殖道感染，有时也可通过垫料、用具等传播媒介而感染。本病发病率高，但死亡率低。

临床症状

病兔精神和食欲均正常。公兔的生殖器（如包皮、龟头、阴茎）和母兔的外阴皮肤、黏膜出现炎症（图7-6）、结节和溃疡。病兔可通过相互接触或自身舔咬，使炎症病灶向鼻、脸部等头部皮肤蔓延，形成鳞片状病变，被毛易脱落。母兔患病后失去配种能力，受胎率下降。公兔患病后仍可交配，但也会影响受胎率。本病可自然康复，但也可反复发病。

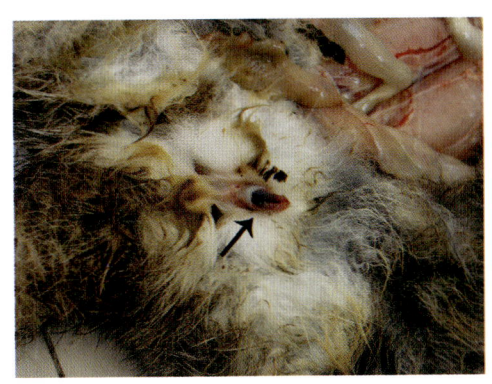

图7-6　外阴皮肤炎症

病理变化

公母兔的生殖器皮肤先出现炎症红肿，而后形成粟粒大小的结节，接着局部炎症破溃后形成痂皮。此外，病兔的腹股沟淋巴结和腘淋巴结有不同程度的肿大。其他内脏无明显病变。

诊断

根据临床病症可作出初步诊断。有条件的兔场，刮取局部病变组织，用姬姆萨染色检查，检到密螺旋体即可确诊。

防治

①预防：兔场应坚持自繁自养为主。若确需引种，要加强检疫检验和隔离饲养观察。一旦发现种兔的生殖器官有异样，或用人工受精后发现母兔生殖道有异常，要及时诊断，及时隔离消毒处理。

②治疗：局部处理和全身治疗相结合。局部处理用硼酸水或过硫酸氢钾溶液进行局部洗涤，再涂以青霉素钠软膏或碘甘油。全身治疗可肌内注射青霉素钠，每天1—2次，连用5天。此外，也可选用新砷凡纳明（914），按每千克体重40—60毫克，配以生理盐水进行静脉注射（不能漏于血管外），1—2次，也有一定效果。

（七）兔生殖器炎症

兔生殖器官炎症是指母兔出现阴道炎和子宫内膜炎，公兔出现包皮炎和睾丸炎等繁殖性疾病。

病因

兔在配种、分娩、难产时生殖器官受到损伤，或因笼舍地面污秽不洁而出现生殖器官感染。也可能是继发于其他疾病，如兔密螺旋体病、葡萄球菌病。

临床症状

①阴道炎：外阴唇肿大、有痒感表现，从阴道内流出黄白色分泌物（图7-7），常黏附在阴门及尾毛上，有时可见病兔有呻吟或拱背现象。

②子宫内膜炎：急性子宫内膜炎多发生于生产或流产后，表现精神委顿、吃食减少、时常努责，有时可见从阴道内排出红褐色或脓性分泌物（图7-8）。慢性子宫炎的全身症状不明显，周期性从阴道内排出少量浑浊分泌物，发情后不易配上。

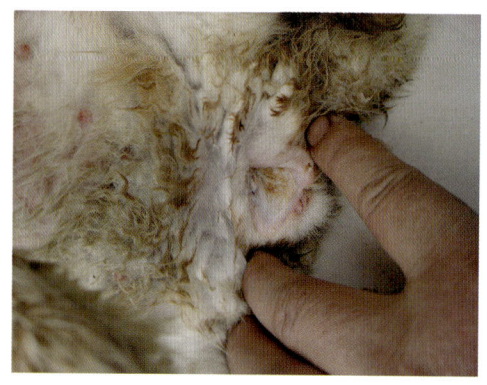 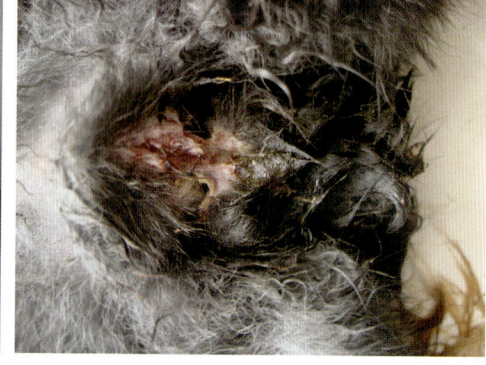

图7-7　阴道排出黄白色分泌物　　图7-8　阴道排出红褐色分泌物

③包皮炎：包皮有热痛、痒感表现，排尿异常，尿流不尽，包皮内常有垢块。

④睾丸炎：包皮有热痛表现，精神委顿，吃食减少或废绝。

病理变化

母兔阴道黏膜发红、子宫有炎症渗出物，公兔包皮或睾丸肿胀、阴囊皮肤有炎症渗出。

诊断

根据临床症状、病理变化可作出初步诊断。

防治

①预防：加强饲养管理，搞好兔笼舍的清洁和卫生工作，定期消毒。平时管理过程中要防止公母兔生殖器损伤。有病的公母兔要避免交配，以防生殖道疾病相互传播。

②治疗：轻度炎症局部采用0.1%高锰酸钾溶液或3%过氧化氢溶液冲洗后，涂0.2%聚维酮碘或0.1%乳酸依沙吖啶进行消炎处理，每天1—2次，连用3—4天。严重的病例，除了采用上述措施处理局部炎症外，还要涂青霉素软膏或磺胺软膏，同时要肌内注射硫酸庆大霉素（按每千克体重1万单位）或青霉素钠（按每千克体重2万—3万单位）。有严重子宫内膜炎的病例，还要结合肌内注射缩宫素（每只母兔2万—4万单位），促进子宫内脓汁排出。

（八）兔维生素A缺乏症

兔维生素A缺乏症是指兔由于维生素A供应不足或吸收障碍而导致兔出现繁殖障碍、生长发育不良等症状的一类营养代谢病。

病因

饲料中缺乏维生素A或胡萝卜素；饲料混合时间过长，导致维生素A发生氧化或被阳光较长时间照射，造成饲料中维生素A遭到破坏；冬春季节缺乏青绿饲料；兔患有慢性肠道疾病或肝脏疾病，影响维生素A的吸收和贮存。

临床症状

病兔首先出现夜盲症，即在阴暗的光线下见不到食物或障碍物，眼角膜浑浊、增厚、角质化，甚至有溃疡。病兔毛发松乱，易折断，皮肤易形成麸皮样痂皮，生长受阻、发育不良（图7-9），眼流脓性分泌物（图7-10），眼睑粘连（图7-11）。母兔受胎率降低或屡配不孕，怀孕母兔易发生早产和死产，有的产出畸胎或弱胎。

图7-9　母兔发育不良

图 7-10　眼流脓性分泌物

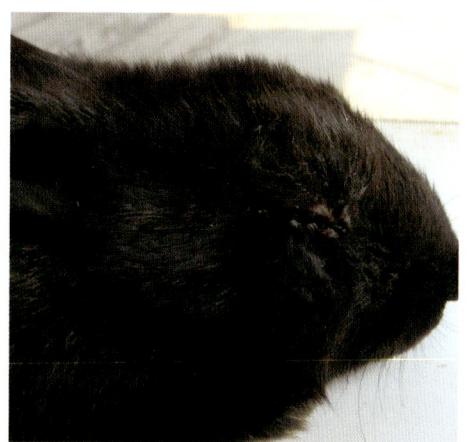

图 7-11　眼睑粘连

公兔性欲降低，睾丸萎缩。

病理变化

病兔眼角膜浑浊、增厚、角质化，严重时溃疡，消化道黏膜上皮角质化。

诊断

根据病兔出现夜盲症、皮肤呈痂皮样、母兔繁殖障碍等症状可作出初步诊断。也可采用维生素 A 制剂进行治疗性诊断。必要时可通过测定饲料中维生素 A 的含量来确诊。

防治

①预防：平时常喂青绿饲料，如胡萝卜、绿色蔬菜，不饲喂存放过久或变质的青绿饲料。有胃肠疾病或肝脏疾病时要及时治疗。对怀孕母兔和哺乳母兔要多补充维生素 A（按每千克体重 250 单位）。全价饲料要按标准进行维生素 A 的配制，也要防范在加工和保存过程中营养被氧化破坏。

②治疗：补充维生素 A 或胡萝卜素。此外，鱼肝油制剂富含维生素 A 和维生素 D，病兔每天每只可口服鱼肝油 1—2 毫升，仔兔减半，连喂 5—7 天。

（九）兔维生素 E 缺乏症

兔维生素 E 缺乏症是指缺乏维生素 E 而导致兔营养性肌肉萎缩、种兔生殖功能障碍、幼兔死亡率高等症状的一类营养代谢病。

病因

①饲料配方中缺乏维生素 E。

②饲料中饱和脂肪酸偏多或脂肪酸败，导致维生素 E 被氧化破坏。

临床症状

公兔精子形成减少，性欲降低，肌肉营养不良，身体发育不好。母兔受胎率降低，易流产和产死胎，易发生子宫炎，母兔消瘦（图7-12）。幼兔肌肉营养障碍，表现进行性肌无力，喜卧而不受运动、运动障碍、步态不稳，体重减轻，最终导致骨骼肌和心肌变性，易衰竭死亡，慢性的呈生长发育受阻、死亡率增加。

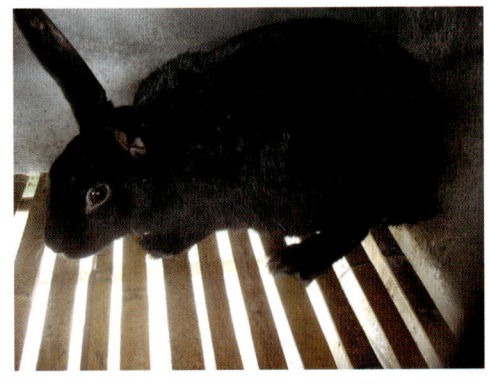

图 7-12　母兔消瘦、受胎率降低

病理变化

一般可见骨骼肌和心肌有白色坏死，横纹消失。公兔的睾丸实质变性与萎缩，精子畸形多。母兔易发生生殖道炎症。

诊断

根据幼兔生长发育受阻、进行性肌无力，母兔出现受胎率降低、易发生流产和死胎，公兔精子生成减少等症状，可作出初步诊断。必要时测定饲料中维生素 E 含量。

防治

①预防：平时喂全价饲料或多喂青绿饲料，避免饲料酸败。有肠道病或肝脏疾病，如肝型球虫，要及时诊治。在添加维生素 E 的同时，要注意补充亚硒酸钠。

②治疗：发病兔群要添加维生素 E（按每千克体重添加 0.32—0.40 毫克），连续使用 10—15 天。对个别病兔可采用维生素 E 注射液或维生素 E- 亚硒酸钠注射液（按说明书使用），每天 1 次，连用 2—3 天。

（十）母兔阴道脱

母兔阴道脱是指母兔的阴道一部分或全部突出阴门外的一种产科疾病。

病因

孕兔分娩时努责过度或阴道组织松弛是导致母兔阴道脱出的主要原因。技术人员或饲养员在助产时操作不当，也有可能导致阴道脱出。此外，饲料霉变（如玉米霉变）、运动不足、剧烈腹泻、管理不良等原因也有可能导致阴道脱出。

临床症状

阴道部分脱出时，脱出部分较少，呈红色球形，当站立时脱出部分可自行缩回。阴道全部脱出时，呈红色，悬挂于阴门外，不能自行缩回（图7-13）。时间久后会感染败血症而导致病兔死亡。

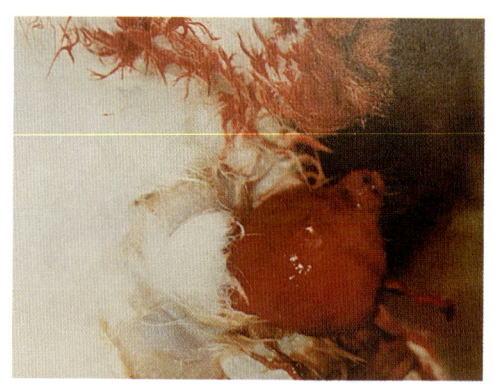

病理变化

若阴道脱出时间过长，会导致局部淤血、水肿、损伤及炎症坏死。严重时还可见到子宫脱出，局部水肿、淤血、炎症更为明显。

图7-13　阴道脱出悬挂于阴门外（引自任克良）

诊断

根据母兔阴门外有球形的红色组织脱出，即可作出诊断。

防治

①预防：加强饲养管理，保证母兔有一定的活动空间，及时防治母兔出现腹泻性疾病。分娩时要及时观察，发现问题及时纠正。

②治疗：轻度脱出的先用0.5%高锰酸钾溶液或3%明矾水清洗脱出阴道，后提起后肢，慢慢整复。严重的采用上述局部消毒整复后在阴门周围做荷包缝合，防止阴道再度脱出。如子宫脱出，也要采用局部消毒整复，严重时（出现局部坏死）采用子宫截除术，手术过程要注意止血及消炎抗感染。

八、兔体况消瘦性疾病诊治

在兔场中也时常可见一些兔体况消瘦、被毛粗乱、生长速度缓慢的病例。分析原因可能是细菌性疾病（如兔结核病、伪结核病等）、寄生虫性疾病（如兔肝片吸虫病、豆状囊尾蚴病、栓尾线虫病、兔蚤、慢性球虫病），以及饲养管理不良导致的兔软骨病等。这里主要介绍兔结核病、肝片吸虫病、豆状囊尾蚴病、栓尾线虫病和佝偻病。

（一）兔结核病

本病是由结核分枝杆菌引起的一种兔慢性传染病。

病原

结核分枝杆菌属于分枝杆菌属。本菌呈直或微弯的细长杆菌，大小为（1.5—5.0）微米 ×（0.2—0.5）微米，在陈旧培养基上可见细菌分枝现象。无荚膜，无鞭毛，不产生芽胞，革兰阳性，菌体着色不均匀。若用石炭酸复红加热染色，则着色良好。本菌分为牛型、人型和禽型等3类，最常使兔患病的是牛型结核杆菌。本菌为严格需氧菌，在培养基中加入血清、牛乳、蛋黄等有助于细菌生长，对外界抵抗力较强，在干燥痰内可存活2—7个月，在粪便中可存活2—5个月，对一般消毒药耐受性较强。

流行特点

各种畜禽、野生动物及人都能感染结核病。其中可分为牛型、人型和禽型。能使兔患病的是牛型结核杆菌。本病发病率比较低，主要通过与病兔或其他患结核病的动物接触而感染。

临床症状

病兔有气喘、咳嗽等呼吸道症状，体况消瘦，结膜苍白，食欲减少，最后衰竭而死亡。此外，个别病兔还会表现腹泻及关节肿大导致的跛行症状。

病理变化

病死兔剖检可见在皮肤或体内多个器官出现灰白色的坚硬结节，结节大小差异大（0.1—2.0cm）（图8-1），有的呈串珠状。结节外包裹纤维组织，中心为干酪样物质。结节常见于肝脏、肺脏、肾脏、肠系膜等。

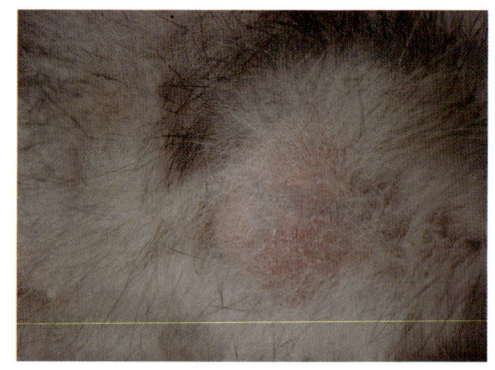

图8-1 皮肤上结核结节

诊断

本病的诊断主要依据两个方面，第一是病理变化，第二是将病变组织或病兔排泄物进行细菌分离和抗酸染色检查（检到结核分枝杆菌可确诊）。

防治

①预防：由于本病是多种动物的共患病，在预防上兔舍应远离其他动物（如牛、猪等），兔所喂青草不能有其他患结核病动物的粪便污染。平时要做好兔舍消毒、隔离，以及环境卫生工作。

②治疗：原则上对发生本病的兔采取隔离和淘汰处理措施，使兔群保持结核病阴性。对个别隔离出来的病兔可用硫酸链霉素和异烟肼等药物进行治疗。

（二）兔肝片吸虫病

本病是由肝片吸虫寄生于兔肝脏胆管内引起的一种兔内寄生虫病。

病原

肝片吸虫属于片形科片形属。虫体背腹扁平，大小为（21—41）毫米 ×（9—14）毫米，体表有小棘，虫体前端有一呈三角形的锥状突、其底部有1对"肩"，口吸盘较小、位于锥状突前端，腹吸盘略比口吸盘大、位于其稍后方，睾丸2个呈分支状、前后排列于虫体中后部，卵巢呈鹿角状、位于腹吸盘后右侧，虫卵为黄色或黄褐色、大小为（133—157）微米 ×（74—91）微米，卵内含1个胚细胞及卵黄细胞。本虫在外需淡水螺作为中间宿主，尾蚴离开淡水螺后在水生植物上结成囊蚴。兔采食了含囊蚴的青草后感染，发育为成虫需2—3个月。虫体在兔体内可存活3—5年。

流行特点

牛、羊、兔等多种食草动物均能感染发病，可呈地方流行性。经常饲喂受淡水螺污染的青饲料的兔群易发。

临床症状

本病在临床上以慢性表现为主，可见精神委顿，食欲不振，消瘦（图8-2），并有不同程度的贫血和黄疸症状。时常出现腹泻症状。病后期可见眼睑、颌下等部位出现水肿，最后衰竭死亡。

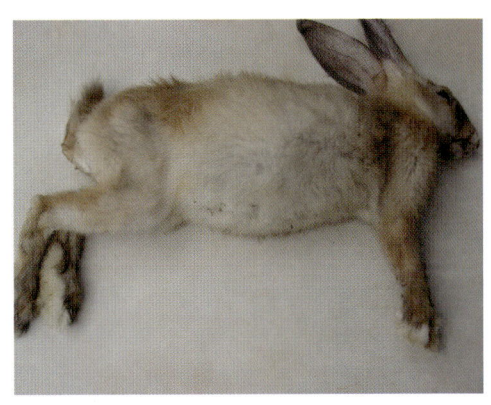

图8-2　病兔消瘦，衰竭死亡

病理变化

除了全身出现消瘦、贫血及黄疸病变外，主要病理变化是肝脏硬化，肝脏表面有结节突出，腹水增多。

诊断

在肝胆管内发现肝片吸虫成虫（图8-3），粪便水洗沉淀后检查到肝片吸虫的虫卵而确诊（图8-4）。

图8-3　肝胆管检出肝片吸虫

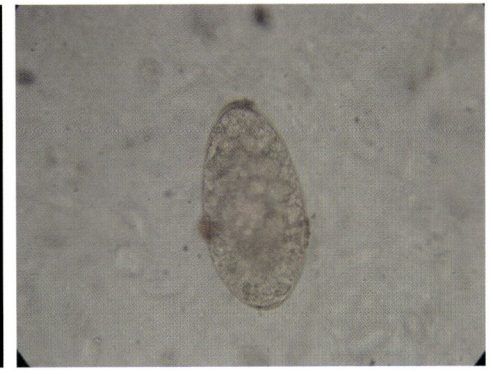

图8-4　粪便检出虫卵

防治

①预防：平时要注意饲草和饮水卫生，特别是不要饲喂在河边、水沟、水塘等周边收割的青草。

②治疗：可选用硝氯酚（按每千克体重 1—2 克拌料）或阿苯达唑（按每千克体重 10 毫克拌料）或三氯苯达唑（按每千克体重 10 毫克拌料）等驱虫药。

（三）兔豆状囊尾蚴病

本病是由于豆状带绦虫的蚴虫寄生于兔的肝脏、肠系膜及腹腔内其他器官表面而引起的一种寄生虫病。

病原

豆状带绦虫属于带科带属。豆状带绦虫的蚴虫（即豆状囊尾蚴）的包囊很小，如豌豆大小、白色、直径 3.5—10.0 毫米，内充满透明液体，头节倒伏在囊内。成虫寄生在犬科动物的小肠内，虫体长达 200 毫米，虫卵大小为（36—40）微米 ×（32—37）微米。虫卵随犬粪便排到野外，附在青草上，兔采食了含感染性虫卵的青草而感染。

流行特点

本病主要发生在吃草的幼兔和成兔上，而哺乳仔兔很少见。主要由于兔采食到被狗粪便污染过的饲草或饮水而被感染。本病的分布较广，有的地方（特别是饲养规模小的兔场）呈地方流行性。

临床症状

在少量感染时，本病无明显的临床症状，一般对采食、生长无明显影响，也很少引起死亡。当大量感染时，可表现出一些全身性的症状，如食欲下降、消化紊乱、嗜睡、不爱运动等。幼兔生长缓慢、腹部膨大、消瘦、腹泻与便秘交替出现，最后衰竭而死亡。

病理变化

兔体消瘦，皮下水肿苍白，腹水增多。在肠系膜、胃网膜及肝脏表面等部位可见到数量不等、大小不一的灰白色透明水囊泡（图 8-5、图 8-6）。严重时可导致肝脏硬化，在肝脏表面仍可见到坏死斑或条状坏死灶。

诊断

本病主要依靠死后剖检发现豆状囊尾蚴而确诊。

防治

①预防：严禁在兔舍内养狗，也不要到家狗经常出没的地方去割草喂兔，这

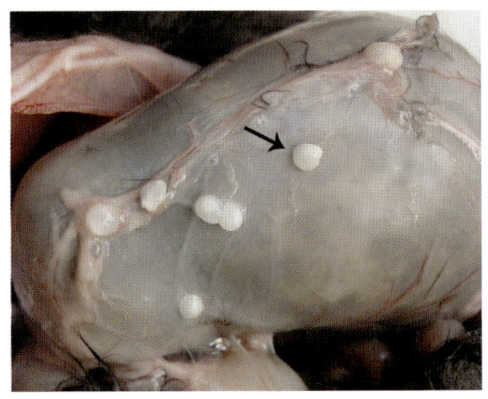
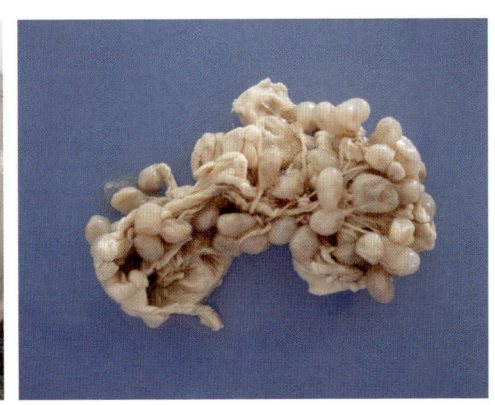

图 8-5　胃壁上寄生白色水囊泡　　图 8-6　豆状囊尾蚴形态

些牧草很可能受到带虫的狗粪便的污染。兔群应定期使用广谱驱虫药（如阿维菌素或伊维菌素）进行驱虫预防。

②治疗：对发病兔群可用广谱驱虫药（如阿维菌素、伊维菌素、阿苯达唑等）进行口服驱虫，每天 1 次，连用 3 天。同时对个别病兔可皮下注射吡喹酮（按每千克体重 25 毫克），每天 1 次，连用 5 天。

（四）兔栓尾线虫病

本病是由栓尾线虫引起的一种兔线虫病，又称为兔蛲虫病。

病原

栓尾线虫属于尖尾科栓尾属。虫体纤细，雄虫大小为（3.82—5.01）毫米 ×（0.24—0.28）毫米，尾尖与尾基部交界处有 1 对侧突，交合刺 1 根。雌虫大小为（7.26—12.0）毫米 ×（0.49—0.59）毫米，阴门位于体前部。虫卵大小为（95—115）微米 ×（43—56）微米，刚排出的虫卵内有已发育的胚胎。本虫为直接发育，经口感染。

流行特点

本病较常见，各种品种兔均可发生，其中以獭兔多发，有发生过本病的兔场易形成疫源地。在饲养条件差的兔场较多发，放牧兔较常见。

临床症状

感染程度轻时，病兔一般不表现症状。感染严重时，可见病兔烦躁不安，肛门因虫体活动而有发痒表现，常用嘴巴啃舔肛门。此外，病兔还有消瘦、下痢症状，粪便中常见到乳白色线状的栓尾线虫（图8-7）。个别严重的可导致死亡。

病理变化

成虫主要寄生于病兔的盲肠和结肠，所以常导致盲肠和结肠黏膜炎症、溃疡。此外，病兔还有贫血病变。

图8-7　粪便中乳白色线状虫体

诊断

剖检病死兔，若在盲肠和结肠内发现大量成虫即可确诊。此外，可通过粪检看有无本病的虫卵（椭圆形，两侧不对称，一端有卵盖、内含虫体胚细胞或幼虫）也可确诊。

防治

①预防：平时要做好兔舍和兔笼的清洁卫生，每年定期对兔群用广谱驱虫药（如阿苯达唑）进行驱虫预防。

②治疗：可选用阿苯达唑（按每千克体重10毫克，口服，每日1次，连用2日）、左旋咪唑（按每千克体重5—6毫克，口服，每日1次，连用2日）。1次驱虫后间隔1—2个月再驱虫1次。同时要做好粪便的堆积发酵处理，以防进一步污染兔舍或饲草而造成本病流行。

（五）兔佝偻病

本病是饲料中钙磷缺乏或钙磷比例不协调而造成的以兔出现软脚为主要症状的营养代谢病，又称兔佝偻病。

病因

本病病因主要是饲料中钙磷缺乏或钙磷比例不当造成的。此外，胃肠道慢性病也会影响钙的吸收。在生产实践中以怀孕和泌乳期母兔及幼兔多发。

临床症状

病兔主要表现消化不良、消瘦、软脚无力、被毛粗乱，常舔食被毛或其他异物。个别严重的病例四肢弯曲变形或前肢外展呈八字形（图 8-8），不愿走动。有的四肢关节肿大，软脚无力（图 8-9）。

图 8-8　四肢外展呈八字形

图 8-9　病兔软脚无力

病理变化

除了四肢骨骼变形、易折断外，无明显的内脏病变。

诊断

根据临床症状可作出初步诊断。必要时可抽血进行血液钙磷含量测定。

防治

①预防：平时加强对母兔和仔兔的饲养管理，特别要注意日粮中的钙磷含量和比例。必要时可适当多添加一些骨粉、鱼肝油等营养成分，在冬季还要增加日光照射，以促进钙磷吸收。

②治疗：对个别病兔可口服鱼肝油（每只每天口服 1—2 毫升）或口服钙片（每只每天口服 1—2 片，连用 3—5 天）。此外，也可以肌内注射维生素 A、D 注射液（每只每天 0.1—0.3 毫升、连用 2—3 天）。发病数量较多时可在饲料中增加 1%—3% 的骨粉。

九、兔其他杂症诊治

兔杂症主要是指兔便秘、兔臌胀病、兔积食、兔普通口炎、兔水疱性口炎、兔眼结膜炎、母兔吞食仔兔病、兔毛球病、兔妊娠毒血症、兔外伤、兔骨折等。

（一）兔便秘

兔便秘是指兔肠内容物留滞于肠道内，并逐渐变干、变硬，使肠道完全阻塞的一种胃肠道疾病。

病因

主要原因是饲养管理不当，如饲料品质不良、太粗太硬、难以消化，兔舍缺水或青饲料供应不足等。此外，一些发热性疾病也会导致病兔的粪便干燥秘结。

临床症状

病兔精神委顿，采食减少，喜饮水，粪便干硬而小（图9-1），经常做排粪动作，有的只排出少量干粪或一些表面带白色黏液的硬粪。时间长后可致使病兔腹部膨大。个别严重的会出现衰竭致死。

病理变化

剖检可见结肠和直肠内充满干硬或球状的粪便，前段肠管胀气，胃内容物空虚。

图 9-1 粪便干硬而小

诊断

对饲养管理不良引起的便秘，根据临床症状可作出初步诊断。对于热性传染病引起的便秘，要根据相应的疾病区别诊断。

防治

①预防：日常饲养中要合理地搭配好精料、粗料和青绿饲料的比例，也要保证兔饮水正常，注意防止因饮水器阻塞造成缺水。

②治疗：轻度便秘通过改善饲养管理（如多喂青绿饲料）即可。病重的可采取下列措施：如灌服硫酸镁或硫酸钠（每只兔每天口服2—5克，用温水稀释成10%浓度）；口服花生油或液体石蜡20毫升；口服中药（大黄2克、枳实1克、厚朴1克、芒硝2克煎煮后灌服或拌料）。此外，还可以用温的肥皂水或甘油水进行灌肠。在治疗过程中，要不断地按摩兔腹部，并给予充分运动，以促进干粪排出。

（二）兔臌胀病

兔臌胀病是指兔采食到易发酵饲料，致使胃肠臌气的一种常见胃肠道疾病。

病因

兔采食了大量易发酵饲料（如精料），或含水分较多的牧草或豆科牧草，或腐烂饲草，或饲料配方突然改变等原因，均可导致兔胃肠臌气。

临床症状

病兔主要表现为食欲废绝、流涎、腹部胀满（图9-2），并有起卧不安等腹痛症状（图9-3）。同时可见眼球突出，可视黏膜发绀。严重的病例在几个小时内可因窒息或胃破裂死亡。慢性病例的中后期有不同程度腹泻症状，病程可持续2—3天。

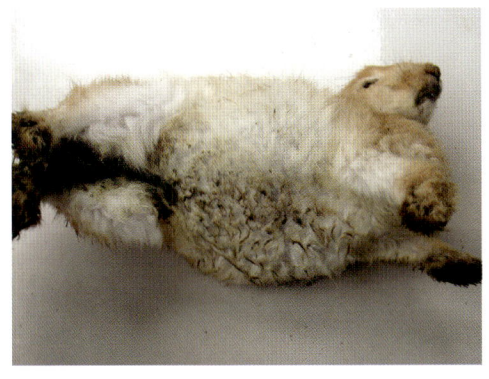

图9-2　腹部胀满

图9-3　病兔起卧不安

病理变化

可视黏膜淤血发绀，剖检可见胃肠道内充满大量气体（图9-4）和内容物，肺脏淤血（图9-5）。急性病例可见到胃破裂，腹腔内混杂有大量食糜。

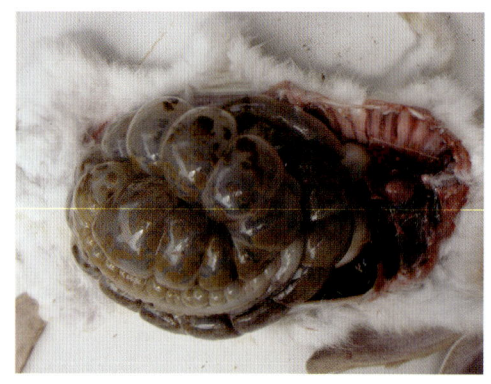 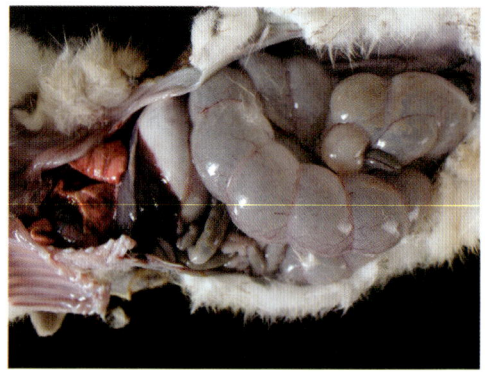

图9-4　胃肠道充满大量气体　　　图9-5　肺脏淤血

诊断

根据病史、临床症状及腹部轻叩有鼓音并有腹痛症状，可作出诊断。

防治

①预防：平时要加强饲养管理，做到定时、定量喂料。不要过量地饲喂易发酵饲料，也不要饲喂水分比较多的饲草。

②治疗：发病时可选用下列方法。灌服液体石蜡油15毫升或茶油10毫升；用大蒜6克捣碎后加醋15—20毫升后一次灌服；服用十滴水3—5滴；每只成兔口服大黄碳酸氢钠片0.3—0.6克，每天2次，连用2—3天。在治疗期间不能再喂精料，同时要让兔适当活动，经常按摩腹部。

（三）兔积食

兔积食是指兔采食过多难以消化的饲料而出现胃肠消化障碍的一种胃肠道疾病。

病因

由于喂饲料过多或吃了大量不易消化的饲料造成兔积食。本病也常见于一些疾病（如小肠便秘）的并发症。

临床症状

大量采食后1—2个小时或更长一段时间内，病兔出现起卧不安、磨牙等腹痛症状或精神沉郁（图9-6）。腹部膨大，呼吸困难，可视黏膜发绀。粪便干小或腹泻交替出现。严重时可出现胃臌胀，导致窒息或胃破裂死亡。

图9-6　精神沉郁

病理变化

剖检病死兔，胃内积有大量内容物，胃黏膜易脱落，严重时可见胃破裂及腹腔内有大量食糜。大肠内有大量内容物且干结（图9-7、图9-8）。

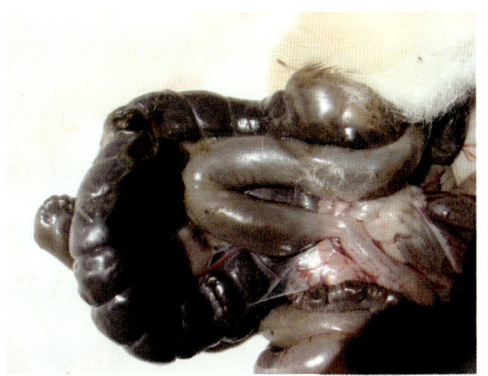

图9-7　大肠有大量内容物

图9-8　大肠内容物干结

诊断

根据病史、临床症状可作出初步诊断。必要时可对病兔腹部进行触诊，看看腹部是否有积食膨大，以及有无疼痛感，从而作出诊断。

防治

①预防：平时定时定量喂料，防止饲喂过多或防止兔偷吃饲料而造成积食。此外，还要控制饲喂难以消化的粗料。

②治疗：一旦发现积食，要立即停止饲喂饲料，同时可口服植物油或液体石蜡10—20毫升进行润肠通便。此外，也可以口服大黄碳酸氢钠片每次1片，每天3—4次。用药后轻轻按摩腹部。对个别严重的病例可肌内注射维生素B_1注射液。

（四）兔普通口炎

兔普通口炎是指由于物理或化学等因素刺激兔口腔，致使口腔黏膜损伤炎症的一种消化道疾病。

病因

兔口腔受到损伤（如采食硬质或带刺饲草，饲草中有钉子、铁丝、玻璃等利物，误食了有刺激性和腐蚀性的物质等），或相邻器官的炎症波及，均可造成兔普通口炎。

临床症状

病兔大量流涎（图9-9），有食欲，但无法采食或采食量减少，嘴巴、下颌及前胸的被毛往往被污染（图9-10、图9-11）并出现粘连。兔群中一般只有个别发生。

病理变化

口腔黏膜潮红，仔细观察可见黏膜损伤或口腔溃疡。其他内脏无明显病变。

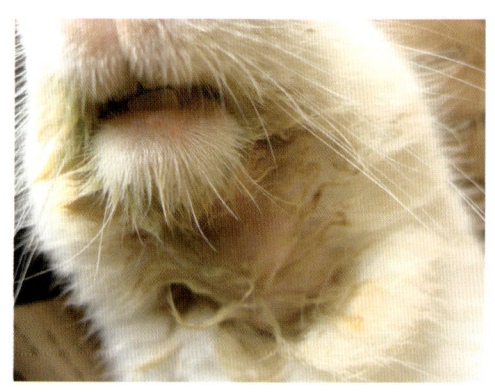

图 9-9　病兔流涎

图 9-10　嘴巴周围被毛被污染

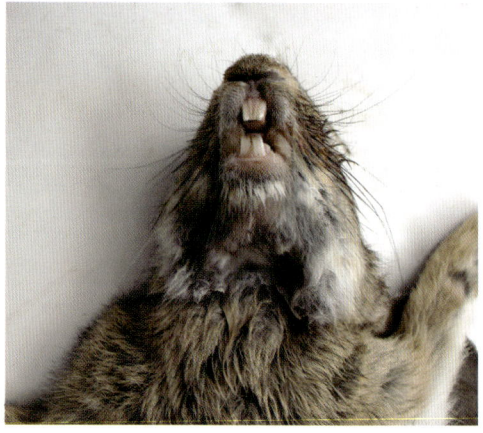

图 9-11　胸前被毛被污染

诊断

根据病史、临床症状可作出初步诊断。在临床上须与水疱性口炎进行鉴别诊断。后者可见口腔黏膜有明显的小水疱，严重时可见脓包和溃疡灶，气味恶臭，并有传染性。

防治

①预防：平时要喂以新鲜、干净的饲草，不能喂以霉变腐败或粗硬带刺的饲草。在平时管理过程中及时淘汰有异形或尖利牙齿的种兔。

②治疗：在病初可选用2%硼酸水、1%食盐水、5%明矾水或0.1%高锰酸钾液进行口腔冲洗。发现异物要及时清理，并涂以碘甘油或冰硼散或甲紫等药物，每天2—3次，具有较好效果。对已出现全身感染的病兔还要进行肌内注射青霉素钠（每千克体重2万—4万单位）和硫酸链霉素（每千克体重1万—2万单位），每天1次，连打2—3天。在治疗期间要加强护理，喂以易消化的柔软饲料，以避免对口腔的刺激。

（五）兔水疱性口炎

兔水疱性口炎是由水疱性口炎病毒引起的以口腔黏膜炎症并伴有大量流涎为主要症状的一种兔急性传染病。

病原

水疱性口炎病毒属于弹状病毒科水疱病毒属。病毒粒子呈子弹状或圆柱状，有囊膜，大小为（150—180）纳米 ×（50—70）纳米，单股RNA病毒。本病毒主要存在于病兔的水疱液、口腔黏膜、坏死组织、唾液、局部淋巴结中，对外界抵抗力弱，一般消毒药均可在短时间内将其杀灭。

流行特点

本病主要危害3月龄以内的幼兔（特别是刚断奶1—2周以内的幼兔），成年兔较少发病。本病的传染除了接触传染外，吸虫昆虫的叮咬及饲喂霉烂饲料和带刺的饲料等原因均可诱发本病。本病在夏秋两季较多。

临床症状

病兔的口腔黏膜发生水疱性炎症，并伴有大量流涎症状（图9-12），故又称流涎病。在病初，口腔黏膜潮红、出血，继而在嘴唇、口腔黏膜及舌头上出现粟粒大小的水疱。水疱破溃后形成口腔溃疡，同时有大量唾液沿口角流下而浸湿兔的颌下、胸前被毛。时间长久后还会出现毛皮粘连、皮肤发炎及脱毛症状。

图 9-12　大量流涎

病理变化

病兔体况消瘦，口腔和舌头黏膜发炎，舌头和口腔黏膜有白色的小水疱，严重时溃烂。咽部有泡沫样黏液聚集，唾液腺肿大发红。胃内常有大量黏稠的液体，肠道空虚。有时在外生殖器也可见到溃疡性病变。

诊断

根据临床症状和病理变化可作出初步诊断。若在病兔肝组织细胞内检查到核内包涵体，可以得到进一步的证实。此外，可进行病毒的分离和 PCR 鉴定。在临床上本病须与兔念珠菌感染、兔痘及异物引起的普通口炎区别。兔痘除了在口腔有病变外，在全身皮肤上均可找到兔痘的丘疹；兔念珠菌性口炎可在局部组织深处染色镜检中找到念珠菌。

防治

①预防：在平时饲养管理过程中，经常检查饲料质量，严禁使用过于粗糙的饲草或带刺的饲草饲喂幼兔，以免损伤口腔黏膜而发生本病。对本病治疗要做到早发现早隔离治疗，这样可有效控制本病导致的死亡。

②治疗：对病兔先用防腐消毒液（如 2% 明矾、0.1% 高锰酸钾、2% 硼酸或 1% 盐水）冲洗口腔，然后再涂擦碘甘油、硫酸庆大霉素或甲紫等药物，每天 2 次。同时，对所有病兔和可疑病兔口服磺胺二甲基嘧啶（每千克体重加 0.1 克），每日 1 次，连用 3—5 天，以控制继发感染。此外，要加强对病兔的饲养管理，喂以优质幼嫩牧草和易消化饲料，不要使用粗硬饲料，以免再次损伤口腔黏膜，这对病兔康复至关重要。必要时也可以肌内或皮下注射青霉素钠和硫酸链霉素进行消炎处理。

（六）兔眼结膜炎

兔眼结膜炎是兔眼睑结膜、球结膜出现炎症的一种病症。

病因

①机械性病因：如灰尘、沙土或草屑等异物掉入眼内，导致眼睑外伤。

②理化病因：如兔舍内饲养密度大，兔舍密闭，粪尿不及时清除等，导致舍内氨气等有害气体刺激兔眼。此外，通风不良、化学消毒剂喷洒、强光照刺激也会导致眼结膜炎。

③营养原因：日粮中缺乏维生素A，导致兔眼睛干涩，易诱发眼结膜炎。

临床症状

病兔表现闭眼怕光、眼角流分泌物，结膜潮红、肿胀、眼睑闭合（图9-13）。根据眼分泌物性质不同，可分为黏液性眼结膜炎和化脓性眼结膜炎。前者表现眼结膜稍肿胀，分泌物呈浆液性或黏液性，有时可见分泌物沾染眼角下方皮毛；后者表现眼结膜充血肿胀明显，眼睑变厚或闭合，严重时导致兔失明。

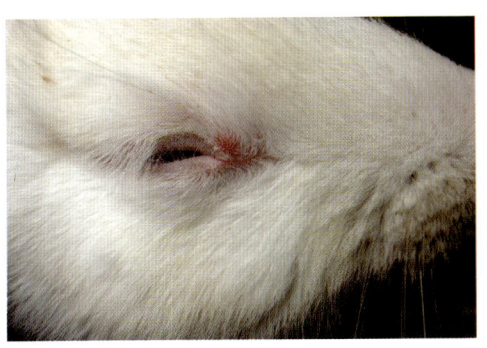

图9-13　眼结膜潮红、眼睑闭合

病理变化

黏液性眼结膜炎主要病理变化是眼结膜轻度潮红和水肿，眼睑水肿闭合。化脓性眼结膜炎表现眼结膜充血、出血明显，结膜囊内蓄积有大量白色脓性分泌物，严重时可见眼角膜浑浊，甚至穿孔。

诊断

根据病因及临床症状、病理变化可作出诊断。

防治

①预防：在日常饲养管理中始终保持兔舍和兔笼清洁，防止异物对兔眼睛的侵害。平时要多喂以含维生素A较多的饲料，如胡萝卜、青干草、黄玉米、南瓜等。

②治疗：先用无刺激性的洗眼液（如 2%—3% 的硼酸溶液）清洗患眼，然后选用抗菌眼药水或眼膏，如 0.5% 金霉素眼药水、10% 磺胺醋酰钠溶液、0.5% 土霉素眼膏、0.5% 氢化可的松眼药水等，滴眼或涂敷。如角膜浑浊，可涂敷 1% 黄氧化汞软膏或 0.1% 利福平眼药水。如分泌物过多，要用 0.25% 硫酸锌眼药水滴眼。必要时用普鲁卡因溶液滴眼，做止痛处理。

（七）母兔吞食仔兔病

母兔吞食仔兔病是指母兔分娩后将新生仔兔咬伤、咬死，乃至吞食仔兔的一种病症。

病因

①母兔分娩后腹部空虚，同时也感到十分饥渴，此时若没有准备好草料和饮水就容易发生母兔吞食仔兔现象。

②母兔缺乏营养，平时就有异食癖现象，那么在分娩时容易发生母兔吞食仔兔现象。

③哺乳期间，母兔发生乳房炎，此时仔兔吸奶会造成母兔疼痛难忍，有可能出现吞食仔兔现象。

④产仔箱中的垫草发霉或有异味，也会导致母兔吞食仔兔现象。

临床症状

母兔将刚生下或产后几天的仔兔全部或部分吃掉（图 9-14），有时在窝内仍可见到肢体不全的仔兔。母兔性情不温顺。

病理变化

母兔无明显病理变化，有时可见口腔带血迹。

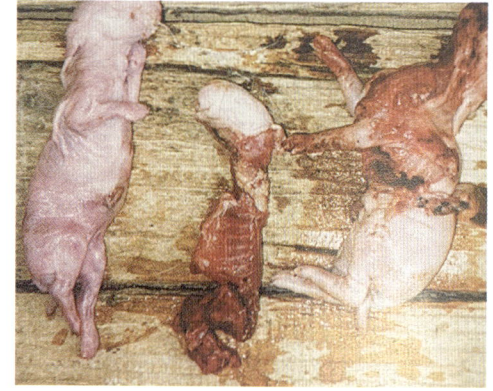

图 9-14　仔兔被母兔吃掉（引自任克良）

诊断

根据病因、临床症状可作出诊断。

防治

①预防：平时加强饲养管理，既要满足母兔的各种营养需求，又要做到兔舍

洁净、通风。产仔箱内垫料要清洁、卫生、柔软，绝不能有异味。寄养的仔兔要与原笼中的其他仔兔混合几个小时后，使其身上的气味与原有仔兔的气味一样后方可让母兔接触。此外，要防止猫、狗、老鼠进入兔舍，防止母兔受应激。对有异食癖的母兔要淘汰处理。对有乳房炎的母兔要及时治疗，不要让仔兔哺乳，可采取寄养办法。

②治疗：发现有吞食仔兔的母兔要及时淘汰，无治疗意义。

（八）兔毛球病

兔毛球病是指兔食入过多的兔毛，这些兔毛在胃内逐渐形成毛球而滞留在胃肠道内的一种消化道疾病。

病因

①营养缺乏：日粮配合不当，导致饲料中钙磷、B族维生素、某些氨基酸、饲料中粗纤维含量不足。处于亚健康状态的兔会发生相互咬毛或食毛现象。

②饲养问题：兔笼狭小，饲养密度过大，兔会互相咬毛。在长毛兔场，被毛脱落后易混杂在饲料中被兔吃掉。

③疾病问题：患有寄生虫病，如疥螨、痒螨、毛虱等，致使病兔皮肤瘙痒，出现持续性啃咬吃毛现象。

临床症状

病兔食欲不振，精神沉郁，饮水量增加，大便秘结，粪便中混有兔毛或出现粪粒串珠。随着病情加重，腹部变大，兔采食减少，消化功能变差，粪便变少，严重时肠梗阻或胃扩张，甚至肠管破裂而导致死亡。

病理变化

在病死兔胃内检出球状毛团（图9-15），胃壁变薄，同时胃黏膜有充血、出血，后段肠管中内容物较少。

诊断

根据有食毛癖、饮水量增加、粪便中混有兔毛、大便秘结等症状可作

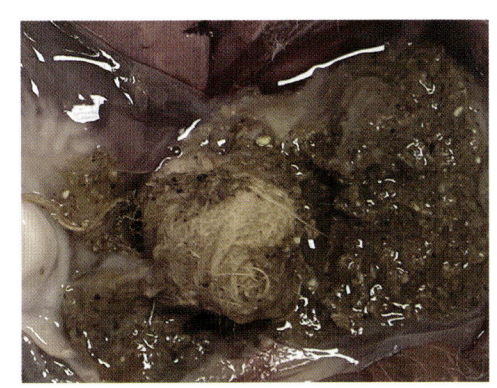

图9-15　胃内检出球状毛球

出初步诊断，确诊需解剖死亡兔，胃肠中检出毛球而确诊（图9-16）。

防治

①预防：加强饲养管理，在日粮中适当增加无机盐、维生素等营养物质。兔笼要宽敞，及时清理饲槽和饲料中的兔毛，保持环境卫生。及时隔离和治疗各种兔皮肤病。

②治疗：可灌服豆油或花生油20—30毫升，配合腹部按摩，促进毛

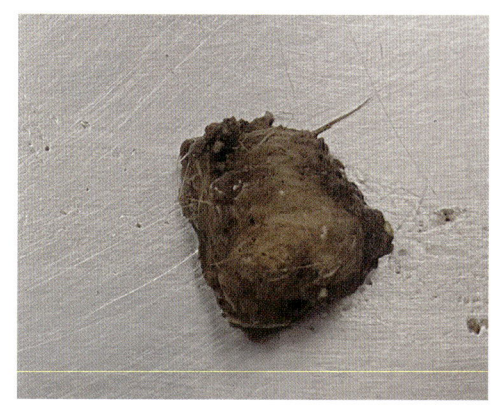

图9-16　胃中检出毛球

球及时排出。同时要喂给易消化全价饲料或青绿饲料，必要时可以口服大黄碳酸氢钠片或酵母片，促进兔胃肠消化功能。

（九）兔妊娠毒血症

兔妊娠毒血症是指母兔怀孕后期出现的一种营养代谢病，在肥胖母兔多发。

病因

有多种原因导致母兔出现妊娠毒血症。妊娠母兔需求的葡萄糖比较多，若饲料中葡萄糖不足，极易造成体内缺糖引发低血糖症，这是本病发生的主要原因。此外，本病的发生与品种、日龄、运动情况、肥胖度也有关，其中经产母兔的发病率比初产母兔发病率高，少运动母兔比多运动母兔发病率高，肥胖的母兔比体型正常母兔发病率高。母兔肥胖、运动不足，造成氧供应不足，体内糖的有氧氧化过程减弱，结果能量供应不足，机体就不得不动用体内脂肪，结果产生较多的丙酮、β-羟丁酸、乙酰乙酸等，在体内蓄积而出现妊娠毒血症。

临床症状

病兔表现精神沉郁（图9-17），呼吸困难，尿量减少，有些病兔呼出

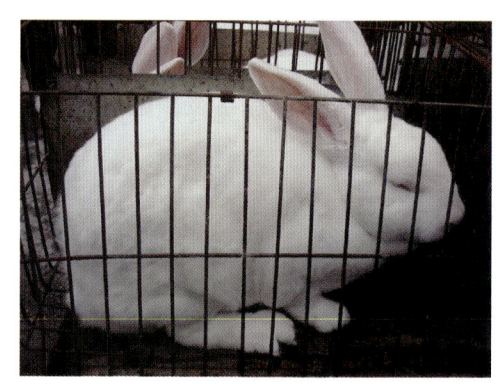

图9-17　精神沉郁表现

的气体中带酮味。严重时流产、共济失调，最后惊厥死亡。

病理变化

病死兔较肥胖，肝脏、肾脏及心脏苍白，脂肪变性，垂体肿大，肾上腺皮质部出现脂肪空泡，甲状腺充满无色胶状物。

诊断

根据临床症状，病理变化可作出初步诊断。必要时抽血检查，如显示非蛋白氮显著升高、血钙降低、血磷偏高、丙酮试验呈阳性，可确诊。

防治

①预防：在母兔怀孕期间，要注意营养搭配，不要突然更换配方，必要时添加葡萄糖，防止母兔酮血症的发生。要给母兔一定的活动空间。

②治疗：病初可口服甘油或静脉注射葡萄糖液。静脉注射 20 毫升的 25%—50% 的葡萄糖液、2 毫升 5% 维生素 C 注射液，肌内注射维生素 B_1 和维生素 B_2 注射液（按说明书使用），有一定效果。若病情严重，则治疗效果差。

（十）兔外伤

兔外伤是兔受到机械或外力作用而引起皮肤、黏膜的损伤。

病因

各种机械或外力作用是导致外伤的主因，如兔舍铁钉、刺头等锐利物刺伤，兔之间咬斗或遭受其他动物咬伤，人为剪毛或抓兔时意外损伤。

临床症状

根据病情可分为新鲜创和化脓创。

①新鲜创：可见伤口出血（图9-18）、开裂等，病兔疼痛呻吟。四肢创伤可见病兔有跛行症状，局部出血（图9-19）。皮肤创伤可见局部肿大、发青或流血。

②化脓创：患部肿胀、创口流脓或形成脓痂。有时可见病兔体温升高，精神沉郁，食欲减退，疼痛呻吟。到

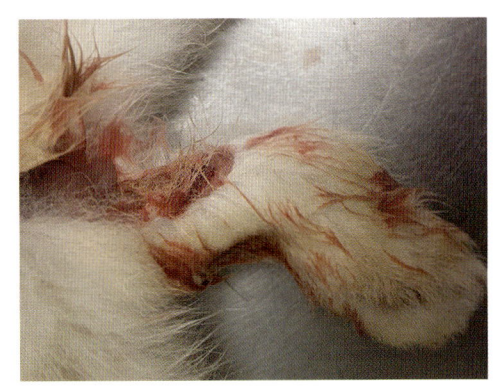

图 9-18　伤口出血

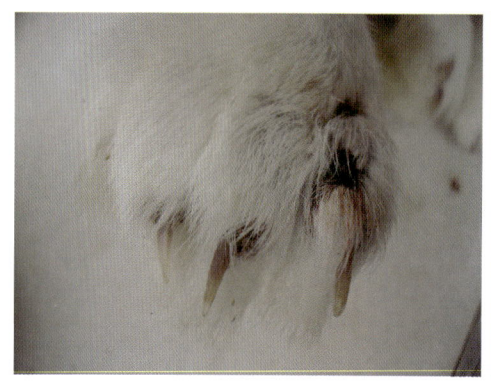
图 9-19 脚趾局部出血

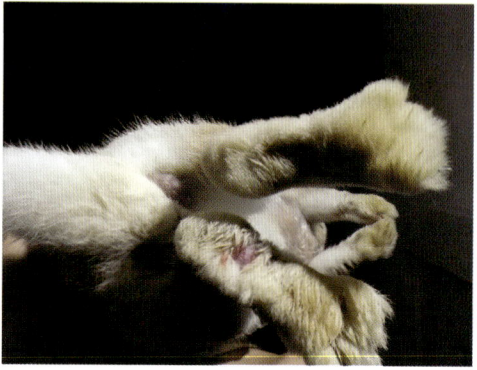
图 9-20 伤口局部长出红色肉芽

了中后期可见创口长出红色肉芽（图 9-20），表面附着少量黄白色脓性分泌物。此外，还有相应肢体症状，如跛行、卧地、躁动不安等。

病理变化

①新鲜创：创口局部开裂和出血，有时有粉红色炎症渗出液。

②化脓创：创口表面有黄白色脓性分泌物，深部有粉红色肉芽增生。

诊断

根据临床症状和病理变化可作出诊断。

防治

①预防：兔舍内要消除各种尖锐物或刺头。饲养密度要适宜，公母兔要分笼饲养，防止打架。兔舍要做好防范猫狗等动物进入的措施，防止兔被咬。人工剪毛或其他生产操作时要细心，防止人为造成兔外伤。

②治疗：对轻伤用碘酊涂擦即可。对流血创口要采用压迫、钳夹、包扎等止血措施，必要时要注射止血针和消炎针。有些大的创口要仔细查看创口内有无异物，治疗时要清创后撒布磺胺粉再进行皮肤缝合和包扎。对化脓创要先采取清创（如 3% 过氧化氢溶液或 0.1% 高锰酸钾液），清除深部异物及坏死组织，排出脓汁，再涂以消炎软膏，肌内注射硫酸庆大霉素等消炎药，每天处理 1 次，连续 3—5 天。

（十一）兔骨折

兔骨折是指由于外力作用而导致兔四肢等骨骼断裂的一种外科病。

病因

由于兔笼底板粗糙不整齐或有缝隙，兔的肢体夹到缝隙中，加上兔惊慌、挣扎而发生骨折。兔长途运输中也容易造成挤压骨折。患有佝偻病的兔更容易发生骨折。人为操作失误也会导致骨折。

临床症状

不同骨折部位，其表现症状有所不同，其中的胫腓骨骨折最常见（图9-21）。病兔拖拽着患肢，不能负重。用手检查时，可听到骨头局部摩擦音，病兔疼痛、挣扎或尖叫。时间久后局部肿胀明显。有的骨端可刺破皮肤，形成开放性骨折。

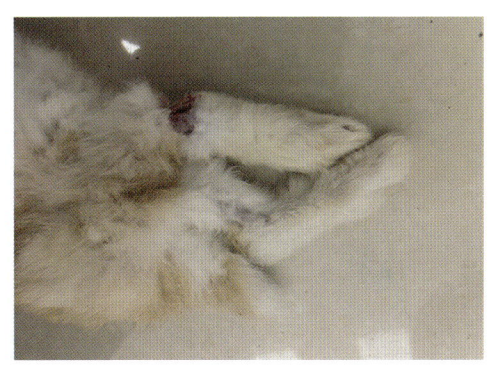

图9-21 胫骨骨折

病理变化

非开放性骨折表现局部肿胀，皮下积血水。开放性骨折表现局部皮肤肿胀，有粉红色分泌物渗出，时间长后局部皮肤出现炎症化脓。

诊断

根据临床症状可作出诊断。

防治

①预防：要经常检查兔笼结构，发现损坏及时修补。笼底竹片或木片宽度应为2.0—2.5厘米，片间隙在1.0—1.1厘米，不能太宽，否则兔脚易夹在缝隙中易导致骨折。

②治疗：对非开放性骨折，要及时接好骨，并用两根竹片夹好，再用绷带捆扎固定，单独饲养；每天注射消炎针剂，3—4周后拆除。对开放性骨折，先要清创消毒，除去异物后再复位，固定患肢，局部涂磺胺粉或青霉素软膏，再肌内注射抗菌消炎针剂，连续处理5—10天。

参考文献

[1] 谢喜平，江斌．肉兔健康养殖技术［M］．福州：福建科学技术出版社，2014．

[2] 藏素敏，张宝庆．养兔与兔病防治［M］．北京：中国农业大学出版社，2011．

[3] 刘吉山，王玉茂，张松林．兔场流行病防控技术［M］．北京：金盾出版社，2013．

[4] 任克良．兔病诊断与防治原色图谱［M］．北京：金盾出版社，2007．

[5] 胡薛英，蔡双双．实用兔病诊疗新技术［M］．北京：中国农业出版社，2006．

[6] 耿永鑫．兔病防治大全［M］．北京：中国农业出版社，2002．

[7] 黄兵，沈杰．中国畜禽寄生虫形态分类图谱［M］．北京：中国农业出版社，2006．

[8] 曾振灵．兽药手册［M］．北京：化学工业出版社，2012．

[9] 中国农业科学院哈尔滨兽医研究所．动物传染病学［M］．北京：中国农业出版社，1999．

[10] 孔繁瑶．家畜寄生虫学［M］．北京：中国农业大学出版社，2010．

[11] 王建华．兽医内科学［M］．北京：中国农业出版社，2010．

[12] 陆承平．兽医微生物学［M］．北京：中国农业出版社，2007．

[13] 吴清民．兽医传染病学［M］．北京：中国农业大学出版社，2002．